宇宙用语图鉴

宇宙物理学者
[日] 二间濑敏史　著
[日] 中村俊宏　主编
[日] 德丸悠　　绘

王宇佳　　　译

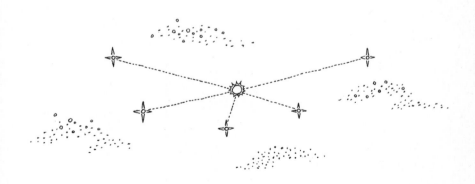

南海出版公司

2021 · 海口

为了让你获得更为优质的阅读体验，我们还请到了北京大学科维理天文与天体物理研究所博士后——郭可欣女士为本书做了专业内容的审校，祝"宇宙之旅"愉快！

第 **1** 章

各种各样的天体

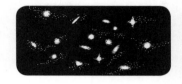

第 **2** 章

太阳、月球与地球

第 **3** 章

太阳系的其他天体

第 **4** 章

恒星的世界

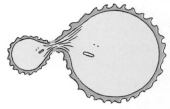

第 **5** 章

银河系和星系宇宙

第 **6** 章

宇宙的历史

跟宇宙有关的
哲学家、科学家

第 **7** 章

天文学相关的基础术语

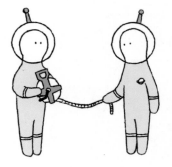

本书的使用方法

本书将用简短且通俗易懂的文字，
介绍与宇宙、天文相关的"基本术语"和"关键词"。
大家可以按照以下几种方法使用本书。

1 查询不懂的术语

如果在读书、看新闻或听科技馆的解说时遇到不懂的术语，可以翻至本书最后的索引页查询。通过术语对应的页码找到详细解释。

2 只看自己感兴趣的部分

本书各章节内容相互独立，无论从哪里开始阅读都没有问题。每章将相关内容收录到一起，通读之后能进一步加深理解。大家可以根据自己的喜好，从七个章节中挑选最感兴趣的内容开始阅读。

3 每天读一点，积少成多

如果"对天文学一点都不了解"，可以"每天睡前读一点"，积少成多。

术语

由最后的索引页引出关于术语的
详细解释。

标注英文

术语下标注了
英文。

引力坍缩

Gravitational collapse

概要

用简短的话解说要点。
关键词用有色字体标出。

引力坍缩是指年迈的恒星在自身引力的作用下塌陷的现象。质量超过太阳 8
倍的恒星，最后会因引力坍缩而整个消散，这种现象叫超新星（p022）。

恒星的质量将决定它老年的状态

标题

可以像读新闻一样，
只读这些粗体字！

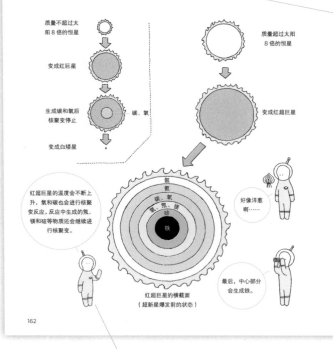

质量不超过太
阳 8 倍的恒星

变成红巨星

生成碳和氧后
核聚变停止

碳、氧

变成白矮星

质量超过太阳
8 倍的恒星

变成红超巨星

红超巨星的温度会不断上
升，氧和碳也会进行核聚
变反应，反应中生成的氖、
镁和硅等物质还会继续进
行核聚变。

氢
氦
碳、氧
氖、镁、硅
铁

好像洋葱
啊……

最后，中心部分
会生成铁。

红超巨星的横截面
（超新星爆发前的状态）

162

Pepo

从数百万光年外的遥远太空来到地球的外星人，热衷于向地球人传播宇宙
知识。懂 1 亿种语言，爱好是角色扮演。

第 **1** 章

各种各样的天体

恒星

Star / Fixed star

恒星是会自己发光的星体，夜空中肉眼可见的大多是恒星。

恒星都是气态的，它们的表面温度可达数千摄氏度，所以能发出耀眼的光芒。

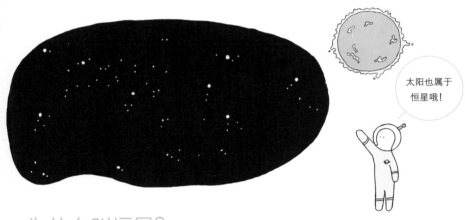

太阳也属于
恒星哦！

为什么叫恒星？

从地球上观察，恒星之间的相对位置是恒定不变的。

一直保持恒定的相对位置→恒定的星球→恒星。

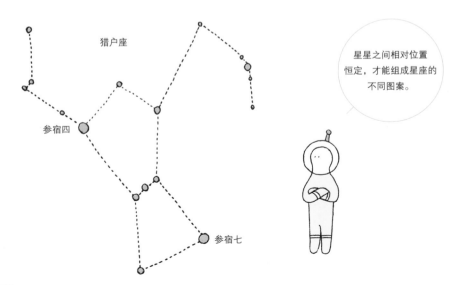

猎户座

参宿四

参宿七

星星之间相对位置
恒定，才能组成星座的
不同图案。

恒星不是"星形"的？

一般情况下，恒星是球形的。

恒星上的气体因为受热而产生膨胀力，它与恒星自身质量（引力）的收缩力相抵消，恒星就能维持球体的形状。

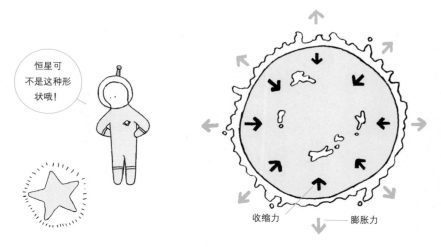

恒星可不是这种形状哦！

收缩力 —— 膨胀力

宇宙中到底有多少颗恒星？

恒星会组成像银河系一样的星系（p030）。每个星系中大约有 1 000 亿颗恒星。

科学家推测，宇宙中有超过 1 000 亿个星系。

也就是说，宇宙中恒星的数量要超过 1 000 亿 × 1 000 亿颗。

宇宙中星星的数量比地球上所有海岸的沙砾的总量还要多。所以才有"多得像星星一样"的说法。

行星

Planet

行星是环绕恒星运行的星体。

行星的温度比恒星低，且自身不发光，但行星可以反射位于其星系中心的恒星发出的光。

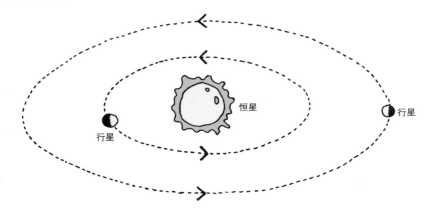

太阳系有多少颗行星？

太阳系（p068）中有 8 颗行星。

地球是太阳系的第三颗行星。

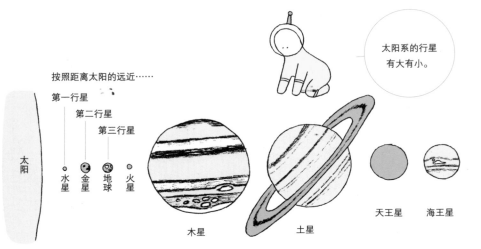

为什么叫"行星"？

夜空中的行星，明明一星期前在某颗星星（恒星）附近，一星期后却又开始靠近别的星星。正因为它们有不断运行的特点，所以被称为行星。

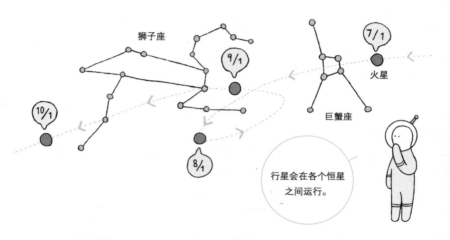

行星会在各个恒星之间运行。

卫星

Satellite ╱ Natural satellite ╱ Moon

卫星是围绕行星运行的星体。

卫星自身也不发光，但可以反射恒星的光芒。

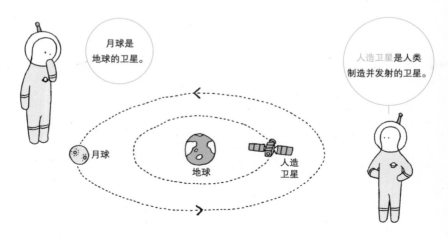

月球是地球的卫星。

人造卫星是人类制造并发射的卫星。

矮星

Dwarf star

矮星本意是"光度很弱的恒星"。

矮星包括红矮星、褐矮星、白矮星等，每种矮星都有各自不同的性质。

太阳

红矮星

红矮星是比太阳轻很多且暗很多的恒星，但它的寿命要比太阳长很多。

褐矮星

褐矮星的质量比红矮星轻，质量介于恒星和行星之间。

白矮星

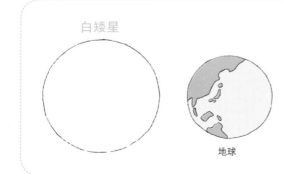

地球

白矮星是太阳这样的恒星演化到末期时残留下来的天体。白矮星温度很高，体积跟地球差不多。

巨星

Giant star

巨星是巨大而明亮的恒星，其大小（直径）能达到太阳的 10 倍至 100 倍。
比巨星还大的恒星被称为超巨星和特超巨星。

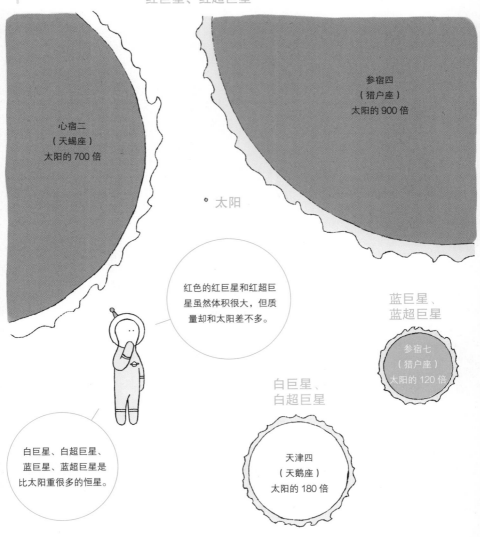

红巨星、红超巨星

参宿四
（猎户座）
太阳的 900 倍

心宿二
（天蝎座）
太阳的 700 倍

太阳

红色的红巨星和红超巨星虽然体积很大，但质量却和太阳差不多。

蓝巨星、
蓝超巨星

参宿七
（猎户座）
太阳的 120 倍

白巨星、
白超巨星

白巨星、白超巨星、
蓝巨星、蓝超巨星是
比太阳重很多的恒星。

天津四
（天鹅座）
太阳的 180 倍

超新星

Supernova

超新星是指质量较大的恒星演化至末期时经历的大爆炸。
质量达到太阳质量八倍以上的恒星，会发生超新星爆发。

超新星爆发时的光辉
看起来像"新星球"诞生
一样，但其实是恒星
死亡之前绽放出的
最后光芒。

超新星到底有多亮？

如果银河系（p199）中的恒星发生超新星爆发，会发出相当于满月 100 倍的
光芒，即使在白天也能通过肉眼观察到。

超新星爆发时，
会在一瞬间释放出
太阳一生（约 100 亿年）
辐射的能量的总和。

太阳

超新星

什么时候会出现超新星呢?

据说,银河系每100年就会发生1次超新星爆发。但近400年来,都没有发生过。

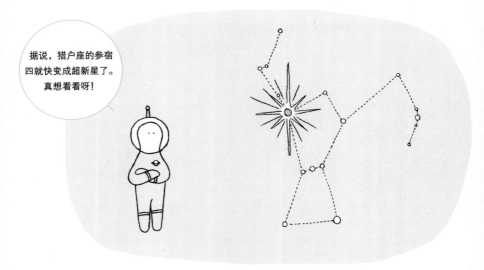

据说,猎户座的参宿四就快变成超新星了。真想看看呀!

新星和超新星有什么区别?

新星(新星爆发)是指白矮星(p159)表面发生爆炸,瞬间发出耀眼光芒的天文现象(p161)。

新星和超新星现象,都不会产生"新的恒星"。

当白矮星附近出现其他恒星时,就会发生新星爆发现象。

中子星

Neutron star

中子星是超新星爆发（p022）后形成的体积小、质量大、密度特别高的星体。中子是构成原子的基本粒子之一，而中子星则由紧挨在一起的中子形成，因此得名中子星。

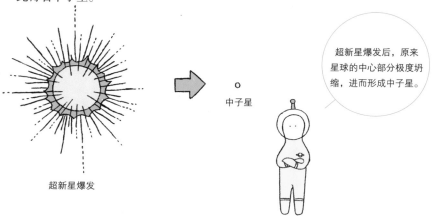

超新星爆发

中子星

超新星爆发后，原来星球的中心部分极度坍缩，进而形成中子星。

用中子星制成的方糖会有多重呢？

中子星的密度非常大，用它制成的方糖重量能达到几亿吨。
跟太阳质量相同的中子星，其体积只有太阳的七万分之一（半径约10千米）。

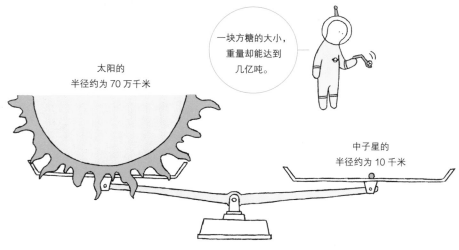

一块方糖的大小，重量却能达到几亿吨。

太阳的
半径约为70万千米

中子星的
半径约为10千米

黑洞
Black hole

黑洞是比中子星密度还大的天体。

质量是太阳质量几十倍的恒星发生超新星爆发，就会产生黑洞。

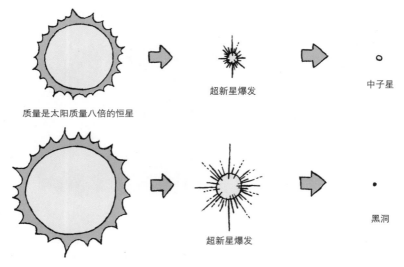

质量是太阳质量八倍的恒星　　超新星爆发　　中子星

质量是太阳质量几十倍的恒星　　超新星爆发　　黑洞

黑洞有很强的引力，即使是宇宙中速度极快的光，也无法逃离黑洞。所以黑洞被视为"全黑"的天体。

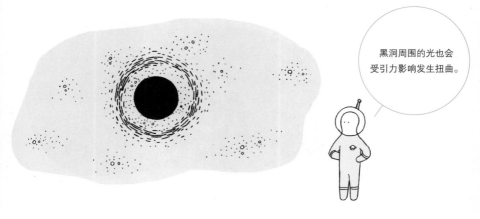

黑洞周围的光也会受引力影响发生扭曲。

星云

Nebula

星云是由尘埃和各种气体组成的云状天体。

宇宙中布满稀薄的气体和尘埃，这些物质被称为星际介质（p140），其中有一定密度的便是星云。

暗星云 弥漫星云（发射星云）

黑暗的星云。

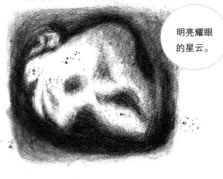

明亮耀眼的星云。

星云是"恒星的摇篮"吗？

恒星从星云中诞生，燃烧殆尽之后会再次变为星云，而新的恒星又会从星云中诞生。因此，星云可以说是"恒星的摇篮"。

星云中有形成恒星的原料，所以恒星可以从星云中诞生。

※ 以前，人们将"不能分辨出星星的云状天体"统称为星云，其中包括现在被归为星系（p030）的天体。现在，星云特指能被观测到的星际云（p141）。

星团

Star cluster

星团是指我们所属的银河系（p199）中的恒星集团。
构成星团的恒星少则几十颗，多则几百万颗。

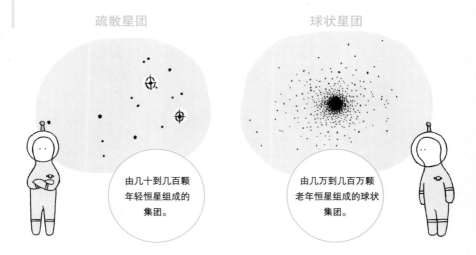

疏散星团

球状星团

由几十到几百颗
年轻恒星组成的
集团。

由几万到几百万颗
老年恒星组成的球状
集团。

太阳以前也是星团中的一员吗？

星云中会同时诞生很多恒星，这些恒星又会构成一个个星团。虽然现在不属
于任何星团，但太阳以前极有可能是某个星团中的一员。

跟太阳一起诞生的
恒星们如今在
哪里呢？

彗星

Comet

在围绕太阳运行的小天体中，接近太阳时会出现"尾巴"的被称为彗星。因为形态特殊，彗星又被称为"扫把星"。

大多数彗星都在细长的椭圆形轨道上运行，它们每隔几年到几百年，才会靠近太阳一次。

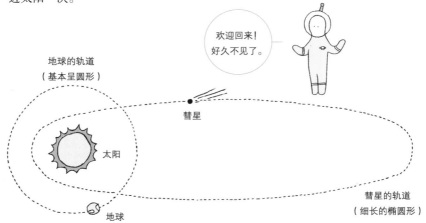

彗星是"脏雪球"吗?

彗星的内核由直径数千米的冰构成，其中也包含由岩石和金属组成的尘埃，所以被称为"脏雪球"。

彗星在接近太阳的过程中，冰会因为太阳的热度而融化，产生的气体和尘埃被太阳风吹到相反方向，于是彗星就形成了一条漂亮的尾巴。

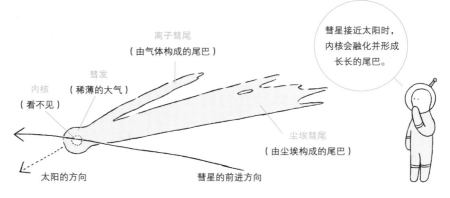

流星

Meteor ／ Shooting star

流星主要是彗星的碎屑进入大气层后，与大气摩擦燃烧所产生的发光现象。
如果摩擦燃烧产生的光亮度很高，就被称为火流星。

流星不是宇宙空间内的天体，而是在地球大气层中产生的发光现象。

流星雨是彗星留给我们的礼物吗？

彗星的轨道上有大量碎屑和尘埃，这些碎屑和尘埃一直像河川一样不断流动，
当经过地球时，它们会进入大气层并与大气产生摩擦，这样流星雨就形成了。

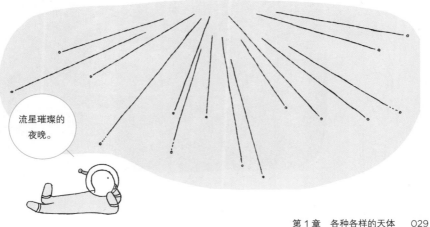

流星璀璨的夜晚。

星系

Galaxy

星系是由数百万至数千亿颗恒星组成的集团。宇宙中的天体不是均匀散布在各处的，而是组成星系这样的集团。

据推测，整个宇宙大概有几千亿个星系。

旋涡星系

椭圆星系

外形像一个
旋涡的星系。

呈圆形或椭圆形
的星系。

太阳系位于银河系这个
"棒旋星系"（p206）
之中。

太阳系的位置

星系群

Group of galaxy

恒星们会组成一个个星系，一定数量的星系会组成星系集团。
其中规模较小（几个至几十个左右）的星系集团被称为星系群。

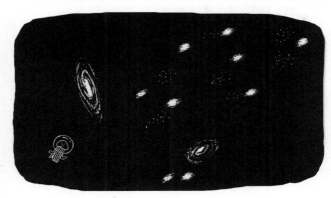

银河系跟 50 多个星系组成了一个星系群。

星系团

Galaxy cluster

规模较大（由成百上千个星系组成）的星系集团被称为星系团。

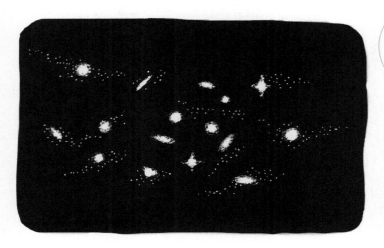

规模更大的星系集团还在后面，敬请期待哦！

01

柏拉图 / 亚里士多德

公元前 427 年—公元前 347 年 / 公元前 384 年—公元前 322 年

柏拉图、亚里士多德和苏格拉底被称为"古希腊三大哲学家"，除了哲学，他们对宇宙也有自己的见解。柏拉图曾提出地心说（天动说），他认为"宇宙的中心是地球，周围的太阳、月球和其他天体都附着在天球（p056）上围绕地球运行"。亚里士多德继承了柏拉图的学说，进一步提出了天球是借由"原动力"移动的理论。

02

阿利斯塔克

公元前 310 年—公元前 230 年前后

阿利斯塔克是古希腊的天文学家。他用一种巧妙的方法测定出月球和太阳的大小，并由此得知太阳的体积比地球大很多。之后，阿利斯塔克就提出了"宇宙的中心可能不是地球，而是太阳"的学说。他比哥白尼早 1800 年提出了日心说，所以被称为"古代的哥白尼"。

第 **2** 章

太阳、月球与地球

太阳

Sun

太阳是离地球最近的恒星，它是一个巨大的气体星球，主要成分是氢和氦。在恒星中，太阳不算大也不算小，可以说是"比较标准的恒星"。

太阳的大小、质量和表面温度

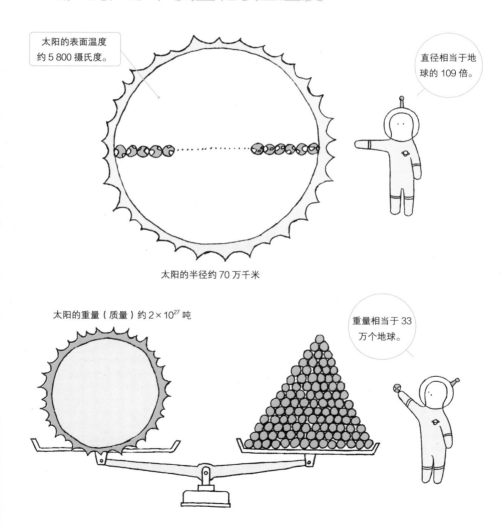

太阳的表面温度约 5 800 摄氏度。

直径相当于地球的 109 倍。

太阳的半径约 70 万千米

太阳的重量（质量）约 2×10^{27} 吨

重量相当于 33 万个地球。

太阳也会自转吗?

极点附近
约 32 天转 1 圈。

赤道附近
约 27 天转 1 圈。

太阳是一个气体星球,不同地点的自转速度会有差异。

太阳离地球有多远呢?

地球绕太阳转一周需要 1 年的时间(公转)。

地球和太阳之间的平均距离大约是 1 亿 4 960 万千米,这个长度被称为"1 天文单位"(p072)。

太阳

约 1 亿 4 960 万千米

地球

地球的公转轨道

太阳可以释放多大的能量呢?

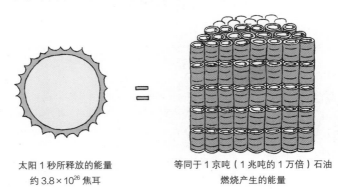

太阳 1 秒所释放的能量
约 3.8×10^{26} 焦耳

等同于 1 京吨(1 兆吨的 1 万倍)石油
燃烧产生的能量

光球

Photosphere

光球是指太阳等恒星的发光表面。

太阳是由气体构成的，严格来说并没有表面，但我们将光线基本完全通过的部分看成太阳表面，并将其称为光球。

太阳表面的情况

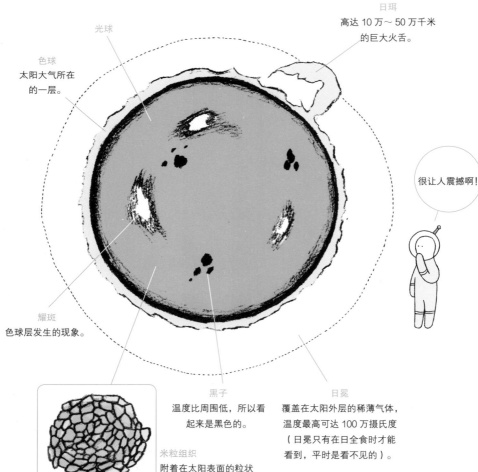

光球

色球
太阳大气所在的一层。

日珥
高达 10 万～50 万千米的巨大火舌。

耀斑
色球层发生的现象。

很让人震撼啊！

黑子
温度比周围低，所以看起来是黑色的。

米粒组织
附着在太阳表面的粒状组织。

日冕
覆盖在太阳外层的稀薄气体，温度最高可达 100 万摄氏度（日冕只在日全食时才能看到，平时是看不见的）。

黑子
Sunspot

黑子是指太阳表面的黑色斑点。它的温度比周围低 1 000 摄氏度至 2 000 摄氏度，所以看起来呈黑色，但其实黑子也发光。

太阳黑子的磁场很强。

有些黑子比地球还大呢！

黑子的数量跟太阳活动有关吗？

研究发现，太阳黑子的数量以每 11 年为周期发生变化。

黑子数量越多太阳越活跃，经常会发生耀斑等现象。反之，黑子数量越少太阳越稳定。

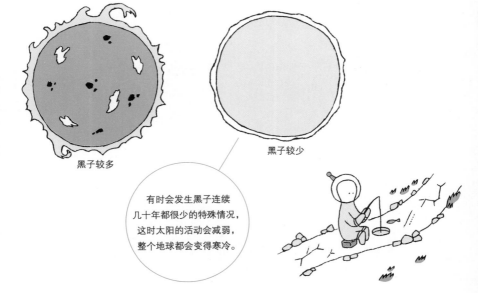

黑子较多

黑子较少

有时会发生黑子连续几十年都很少的特殊情况，这时太阳的活动会减弱，整个地球都会变得寒冷。

耀斑

Flare

耀斑是发生在恒星表面的爆发现象。

在太阳表面发生的耀斑被称为太阳耀斑。太阳耀斑是太阳系最大的爆发现象。

黑子数量越多，耀斑的规模越大。

耀斑爆发的威力相当于 10 万～ 1 亿个氢弹同时爆炸。

耀斑能引发极光和磁暴吗？

发生耀斑时，太阳会产生很强的 X 射线和高能带电粒子。当这些射线和粒子到达地球时，就可能产生低纬度可见的极光或能导致通信故障的磁暴。

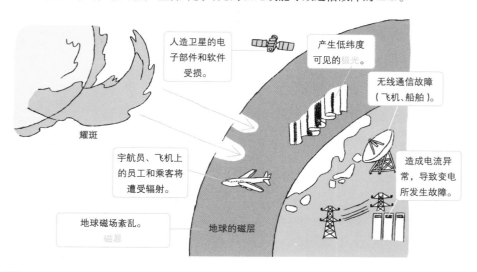

人造卫星的电子部件和软件受损。

产生低纬度可见的极光。

无线通信故障（飞机、船舶）。

耀斑

宇航员、飞机上的员工和乘客将遭受辐射。

造成电流异常，导致变电所发生故障。

地球磁场紊乱。

磁暴

地球的磁层

超级耀斑会侵袭地球吗？

比普通大规模耀斑强 100 倍至 1 000 倍的耀斑被称为超级耀斑。据推测，太阳的超级耀斑几千年才会发生 1 次。

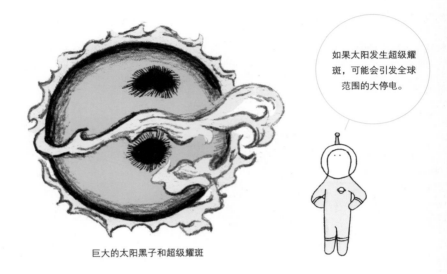

如果太阳发生超级耀斑，可能会引发全球范围的大停电。

巨大的太阳黑子和超级耀斑

"宇宙天气预报" 能预测耀斑的发生吗？

进行太阳观测的人造卫星和天文台会时刻观测太阳的活动，如果发现大规模太阳耀斑的前兆，它们会发出名为"宇宙天气预报"的警报，让人们提前采取措施。

在 IT、信息化时代，宇宙天气预报不可或缺。

核聚变

Nuclear fusion reaction

太阳等恒星会通过**核聚变**产生巨大的能量。

核聚变是在太阳的**核心**区域发生的，产生的能量转化为光和热之后再传递到外侧。

太阳内部的情况

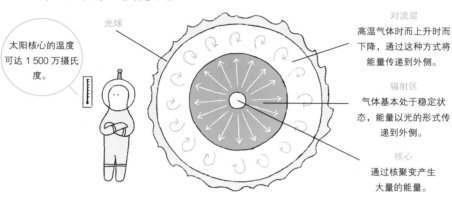

光球

太阳核心的温度可达 1 500 万摄氏度。

对流层
高温气体时而上升时而下降，通过这种方式将能量传递到外侧。

辐射区
气体基本处于稳定状态，能量以光的形式传递到外侧。

核心
通过核聚变产生大量的能量。

为什么核聚变能产生巨大的能量？

太阳核心时刻都在发生 4 个氢核（质子）转化成 1 个氦核的聚变反应。这种反应会在损失很少的质量的同时产生巨大的能量。它的理论基础是"质量（物质）能转化成能量"**相对论（p272）**。

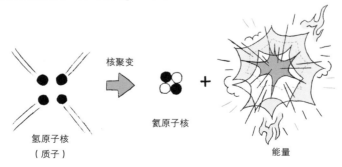

核聚变

氢原子核
（质子）

氦原子核

+

能量

※ 4 个氢原子核不是一下变成氦原子核的，它的反应过程非常复杂。

※ 这种反应不仅会产生氦原子核，还会产生正电子（p262）和中微子（p261）。

太阳风

Solar wind

除了光线，太阳还会向宇宙空间释放高能量质子和电子等，释放量约为每秒100万吨。这种现象被称为**太阳风**。

太阳释放的太阳风仅经过几天就会到达地球，之后会继续释放到太阳系深处。

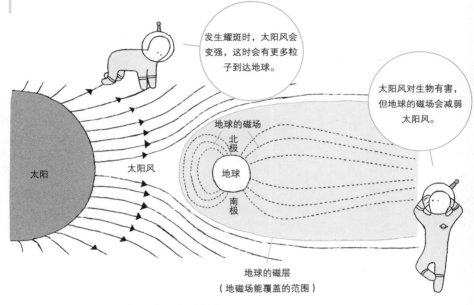

发生耀斑时，太阳风会变强，这时会有更多粒子到达地球。

太阳风对生物有害，但地球的磁场会减弱太阳风。

地球的磁场

北极

太阳

太阳风

地球

南极

地球的磁层
（地磁场能覆盖的范围）

极光是怎样产生的？

太阳风的一部分粒子会被地磁场引导至北极和南极，然后从极点进入地球大气内。这些粒子与大气中的氧气和氮气发生碰撞，从而产生红色、绿色等多彩的光芒。这就是我们看到的**极光**。

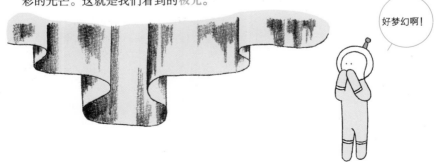

好梦幻啊！

日全食

Total eclipse

日食（也叫日蚀）是太阳被月球遮挡住的天文现象。

太阳完全被月球遮挡的现象被称为日全食，一部分被遮挡的现象被称为日偏食。

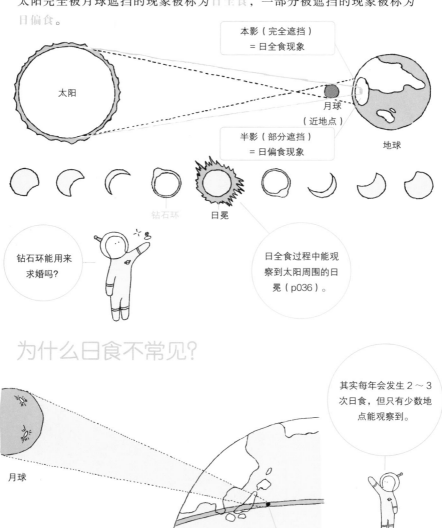

本影（完全遮挡）
= 日全食现象

太阳

月球

（近地点）

地球

半影（部分遮挡）
= 日偏食现象

钻石环

日冕

钻石环能用来
求婚吗？

日全食过程中能观
察到太阳周围的日
冕（p036）。

为什么日食不常见？

月球

其实每年会发生 2～3
次日食，但只有少数地
点能观察到。

月球影子（本影）的直径约
为 100 千米。

日环食
Annular eclipse

当月球遮挡的范围比太阳小一圈时，就会发生看上去像圆环一样的日环食现象。

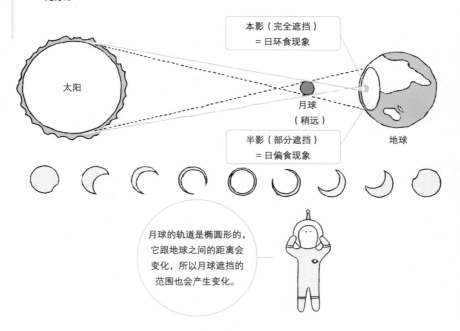

本影（完全遮挡）
= 日环食现象

太阳

月球
（稍远）

地球

半影（部分遮挡）
= 日偏食现象

月球的轨道是椭圆形的，它跟地球之间的距离会变化，所以月球遮挡的范围也会产生变化。

下次在日本能观察到日食是什么时候？

一定不要错过哦！

2030年6月1日
日环食

2041年10月25日
日环食

2035年9月2日
日全食

月球

Moon

月球是围绕地球运转的卫星（p019）。

月球的半径约是地球的四分之一。与太阳系的其他行星相比，地球的卫星算是很大的了。

地球和月球的大小对比

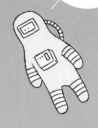

月球的体积在太阳系的卫星中排第五。

月球的半径
约1 700 千米
（约为地球的1/4）

月球的质量
约 7×10^{19} 吨
（约为地球的1/80）

地球的半径
约6 400 千米

木星的卫星木卫三
（太阳系中最大的卫星）
半径约为2 600 千米

木卫三跟木星的大小相差非常悬殊，相比之下，月球跟地球的大小算是比较相近的了。

木星的半径
约71 500 千米
（约为地球的11倍）

地球和月球之间的距离会变化吗?

月球和地球的平均距离约为 38 万千米。不过,月球的公转轨道并不是圆形,
而是椭圆形。月球和地球的最大距离和最小距离之间相差约为 4 万千米。

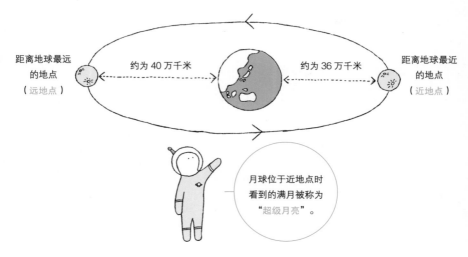

距离地球最远
的地点
(远地点)

约为 40 万千米

约为 36 万千米

距离地球最近
的地点
(近地点)

月球位于近地点时
看到的满月被称为
"超级月亮"。

月球为什么总是以同一个面朝向地球?

从地球上观察,总是会看到月球的同一个面(有兔子图案的那一面)。这是
因为月球在完成约 27 日一次的公转时,也正好自转 1 圈。

从地球看到的那一面月面被称为正面。不过,月球是摆动的(称为天平动),
所以从地球能看到大约 60% 的月面。

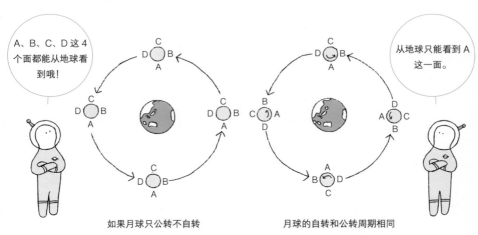

A、B、C、D 这 4
个面都能从地球看
到哦!

从地球只能看到 A
这一面。

如果月球只公转不自转

月球的自转和公转周期相同

高地

Highland

高地是指月球表面由大量白色环形山（p047）组成的险峻地形。它的主要构成成分为白色的轻质斜长岩。

海（月海）

Lunar mare

月海是指环形山较少的看上去呈黑色的平原地形。虽然名字里有海字，但月海里其实没有液体。月湖、月湾、月沼等跟月海基本相同，只是在大小和形状上有所区别。它们都由黑色的玄武岩构成。

月球表面比较明显的海和环形山

月海的部分图案在日本被看成兔子在捣年糕，而在其他国家则被看成女性的侧脸或螃蟹等。

冷海

雨海

风暴洋

澄海

危海

静海

湿海

云海

酒海

丰富海

第谷环形山

大多数环形山都是以著名的天文学家命名的。

静海是人类首次登上月球的地点。

环形山

Crater

环形山是因天体冲撞形成的圆形凹陷地形。

据推测，月球上的环形山是陨石（p104）撞击月面形成的。月球上没有大气，陨石冲撞的情况时有发生，而且表面岩石不会因为风雨等被侵蚀，也不会因为地壳移动而消失，所以月球上有很多环形山。

月球上还有直径数百千米的巨大环形山哦！

中央峰的高度可达2 000～3 000 米。

垂直洞穴

Vertical hole

垂直洞穴是指位于月面直径超过 50 米的巨大洞穴，它们的深度有几十米。
垂直洞穴是从日本月球探测器"月亮女神号"（p064）拍摄的画面中发现的。

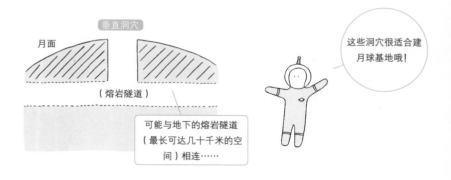

这些洞穴很适合建月球基地哦！

可能与地下的熔岩隧道（最长可达几十千米的空间）相连……

月球背面

Far side of the moon

月球背面是指地球上看不见的那一面。

在探测器飞到月球背面观测之前，人类对月球背面一无所知。

月球背面跟正面有很大区别，那里几乎没有月海，而且是白色的。

月球背面比较明显的海和环形山

莫斯科海

杰克逊环形山

南极艾特肯盆地直径约 2 500 千米，深约 13 千米，是月球上最大的环形山。

南极艾特肯盆地

月球背面适合建造天文台吗？

月球背面无法接收来自地球的光和电波，而且没有能影响望远镜的大气，所以月球背面是最适合进行天体观测的地方。

引潮力

Tidal force

引潮力是引起地球海洋"涨潮退潮"的原因。

潮汐现象是在月球引力（重力）的作用下产生的。地球靠近月球的一侧引力较大，远离月球的一侧引力较小，地球在月球引力的作用下"摇晃"并产生离心力，潮汐现象就产生了。

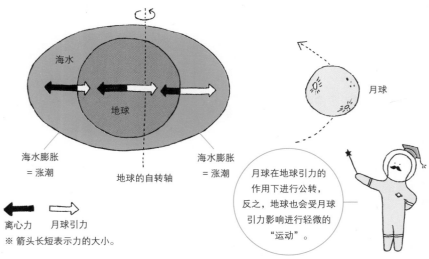

海水

地球

海水膨胀
= 涨潮

地球的自转轴

海水膨胀
= 涨潮

月球

离心力　月球引力

※ 箭头长短表示力的大小。

月球在地球引力的作用下进行公转，反之，地球也会受月球引力影响进行轻微的"运动"。

因为引潮力的作用，月球会离地球越来越远吗?

潮汐现象导致海水移动，移动过程中海水与海底之间产生摩擦，在一定程度上阻碍了地球的自转，地球的自转速度会因此而慢慢降低（10万年降低1秒左右）。地球自转速度降低后，月球公转的半径会变大，月球也就慢慢远离地球了。月球会以每年2至3厘米的速度远离地球。

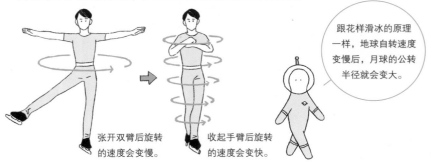

张开双臂后旋转的速度会变慢。

收起手臂后旋转的速度会变快。

跟花样滑冰的原理一样，地球自转速度变慢后，月球的公转半径就会变大。

月相

Lunar phase

月球不会自己发光，它只能反射太阳的光芒。

从地球上能看到月球被太阳照亮的部分，但月球会围绕地球公转，所以照亮的部分是变化的。这种变化就是月相（月亮的阴晴圆缺）。

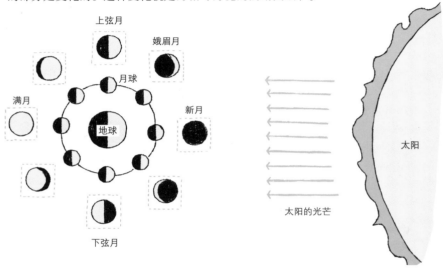

为什么我们能隐隐约约地看见月亮缺少的部分？

月亮不完整时，我们还是能隐约看见它缺少的部分。这是因为地球能将太阳光反射到月球上，该现象被称为地照。

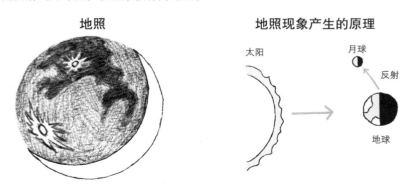

月食
Lunar eclipse

月食（也叫月蚀）是指月球被地球阴影遮挡的现象。
月球完全被地球阴影遮挡的现象被称为月全食，一部分被遮挡的现象被称为月偏食。

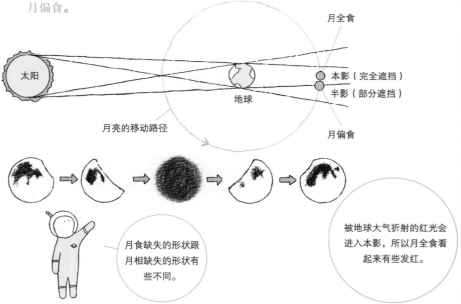

月全食

太阳

地球

本影（完全遮挡）

半影（部分遮挡）

月亮的移动路径

月偏食

月食缺失的形状跟月相缺失的形状有些不同。

被地球大气折射的红光会进入本影，所以月全食看起来有些发红。

为什么在满月时不会出现月食现象？

发生月食现象时，从地球看月球正处于"满月"的位置。不过，月球的公转轨道和地球的公转轨道（地球围绕太阳运转的轨道）之间有约 5° 的夹角，所以满月时月球一般不会被地球的阴影遮挡。只有在地球阴影正好遮住月球时，才会发生月食现象。

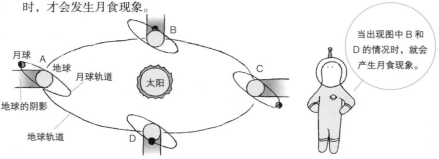

月球

地球

A

B

月球轨道

太阳

C

地球的阴影

D

地球轨道

当出现图中 B 和 D 的情况时，就会产生月食现象。

地球

Earth

我们居主的地球距离太阳 1 天文单位（p072，约 1 亿 5 000 万千米），是距太阳第三近的行星（太阳系第三行星）。

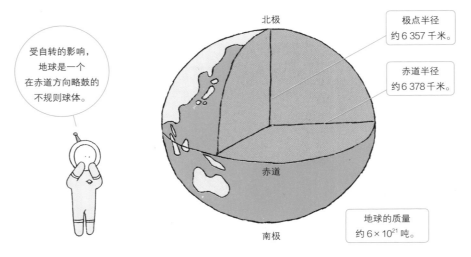

受自转的影响，地球是一个在赤道方向略鼓的不规则球体。

北极

极点半径
约 6 357 千米。

赤道半径
约 6 378 千米。

赤道

地球的质量
约 6×10^{21} 吨。

南极

地球内部的构造是什么样的呢？

地球内部的结构主要有三层，依次是地核、地幔和地壳。

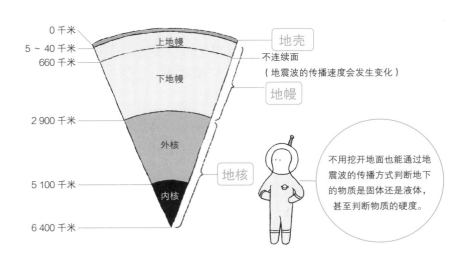

0 千米

5 ~ 40 千米

660 千米

2 900 千米

5 100 千米

6 400 千米

上地幔

下地幔

外核

内核

地壳

不连续面
（地震波的传播速度会发生变化）

地幔

地核

不用挖开地面也能通过地震波的传播方式判断地下的物质是固体还是液体，甚至判断物质的硬度。

自转
Rotation

地球以地轴为中心自西向东旋转，这个现象被称为地球的自转。地球的自转周期为 86 164 秒（23 小时 56 分 4 秒）。

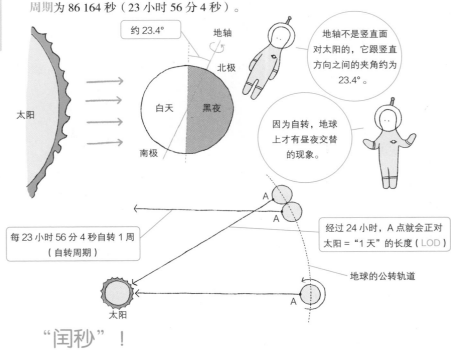

约 23.4°

地轴

北极

白天　黑夜

南极

太阳

地轴不是竖直面对太阳的，它跟竖直方向之间的夹角约为 23.4°。

因为自转，地球上才有昼夜交替的现象。

A
A

每 23 小时 56 分 4 秒自转 1 周
（自转周期）

经过 24 小时，A 点就会正对太阳 = "1 天"的长度（LOD）

地球的公转轨道

太阳

A

"闰秒"！

其实，地球的自转速度并不固定，也不均匀。

如果地球自转产生的"1 天"跟原子钟（非常精确的钟）测定的"1 天"之间有较大的误差，就要用闰秒的方式调整。

8:59:59

8:59:60

用闰秒
调整

9:00:00

地球的自转速度会因引潮力（p049）的影响而变慢，不过变慢的速度充其量是 10 万年 1 秒的程度，这种误差是不需要用闰秒调整的。地球自转速度在短时间内产生变化的原因目前还不得而知。

公转
Revolution

地球围绕太阳转一周需要 1 年的时间，这被称为公转。

地球的公转速度大约为每秒 30 千米（时速约 11 万千米）。

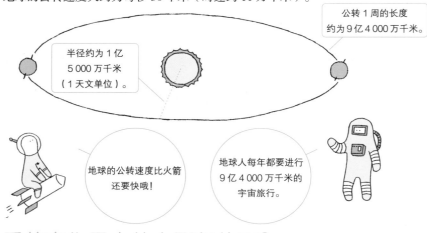

半径约为 1 亿 5 000 万千米（1 天文单位）。

公转 1 周的长度约为 9 亿 4 000 万千米。

地球的公转速度比火箭还要快哦！

地球人每年都要进行 9 亿 4 000 万千米的宇宙旅行。

季节变化是由什么引起的呢?

地球的地轴和公转面并不是垂直的（p053），所以太阳的高度会定期变化，不同的季节就应运而生了。

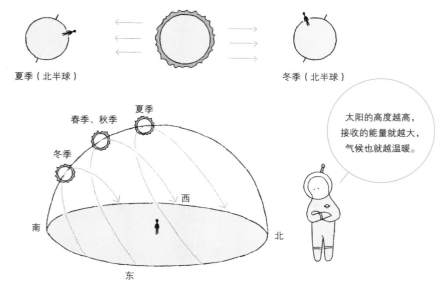

夏季（北半球）

冬季（北半球）

春季、秋季

夏季

冬季

南

西

北

东

太阳的高度越高，接收的能量就越大，气候也就越温暖。

近日点

Perihelion

地球的公转轨道并不是正圆，而是椭圆，所以地球跟太阳之间的距离是变化的。公转轨道上地球最接近太阳的点被称为近日点，离太阳最远的点被称为远日点。

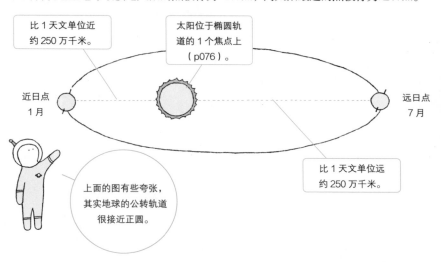

比 1 天文单位近约 250 万千米。

太阳位于椭圆轨道的 1 个焦点上（p076）。

近日点
1月

远日点
7月

比 1 天文单位远约 250 万千米。

上面的图有些夸张，其实地球的公转轨道很接近正圆。

为什么地球位于近日点时不是夏天?

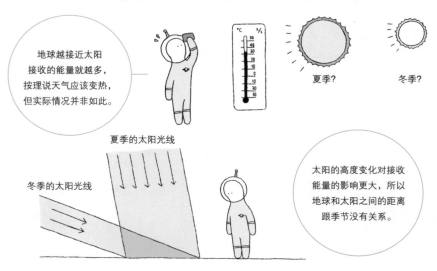

地球越接近太阳接收的能量就越多，按理说天气应该变热，但实际情况并非如此。

夏季?

冬季?

夏季的太阳光线

冬季的太阳光线

太阳的高度变化对接收能量的影响更大，所以地球和太阳之间的距离跟季节没有关系。

黄道

Ecliptic

黄道是太阳在天球上的视运动轨迹。

地球会围绕太阳公转，但这个过程从地球看来是太阳用 1 年时间在其他星星之间运行（由于太阳光太强烈，所以看不见其他星星）。太阳运行的这个轨迹就被称为黄道。

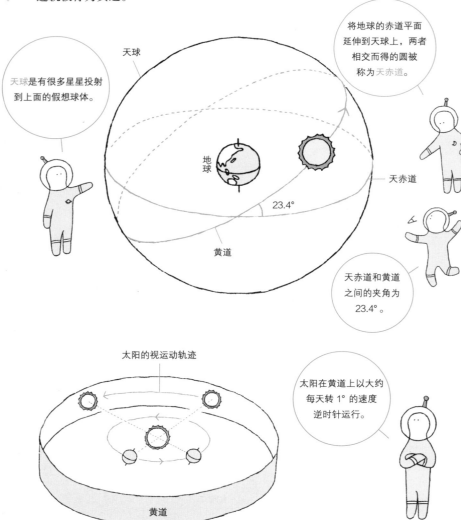

将地球的赤道平面延伸到天球上，两者相交而得的圆被称为天赤道。

天球

天球是有很多星星投射到上面的假想球体。

地球

天赤道

23.4°

黄道

天赤道和黄道之间的夹角为 23.4°。

太阳的视运动轨迹

太阳在黄道上以大约每天转 1° 的速度逆时针运行。

黄道

春分点
Vernal equinox

黄道和天赤道的交点被称为春分点和秋分点。
太阳通过这两个点的瞬间，就是春分和秋分。

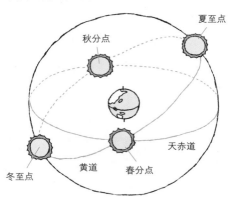

夏至点
秋分点
天赤道
冬至点 黄道 春分点

为什么春分、秋分时白天和夜晚的时长相同？

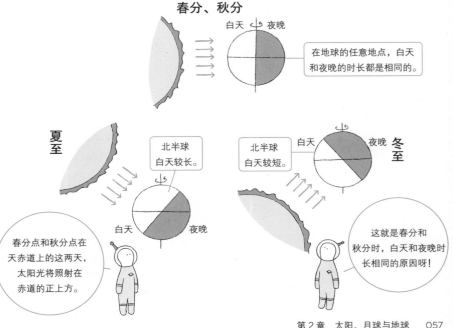

春分、秋分

白天 夜晚

在地球的任意地点，白天和夜晚的时长都是相同的。

夏至

北半球白天较长。

白天 夜晚

春分点和秋分点在天赤道上的这两天，太阳光将照射在赤道的正上方。

北半球白天较短。

白天 夜晚 冬至

这就是春分和秋分时，白天和夜晚时长相同的原因呀！

中天
Culmination

中天是指太阳或月球等天体位于正南方或正北方的时刻，也叫过子午圈。天体位于正南方(从北半球看)叫上中天。上中天时天体的高度是一天中最高的。

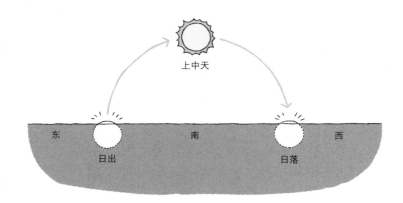

上中天

东　　　　　　　　　南　　　　　　　　　西

日出　　　　　　　　　　　　　　　日落

在南半球就是 "下中天" 吗?

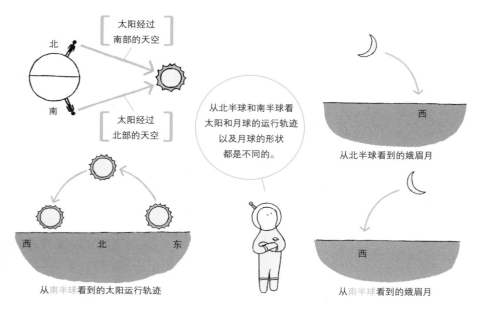

北

[太阳经过
南部的天空]

南

[太阳经过
北部的天空]

从北半球和南半球看
太阳和月球的运行轨迹
以及月球的形状
都是不同的。

西　　　　北　　　　东

从南半球看到的太阳运行轨迹

西

从北半球看到的娥眉月

西

从南半球看到的娥眉月

夏至
Summer solstice

夏至这一天，北半球上中天时的太阳高度是一年中最高的，白天也是一年中最长的。反之，冬至这一天，北半球上中天时的太阳高度是一年中最低的，白天也是一年中最短的。

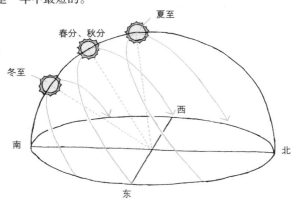

夏至不是"日出时间最早的日子"吗？

日出最早那天是在夏至前一星期左右，日落最晚那天则是在夏至过后一星期左右。另外，日出最晚那天是在冬至过后半个月左右，日落最早那天则是在冬至前半个月左右。

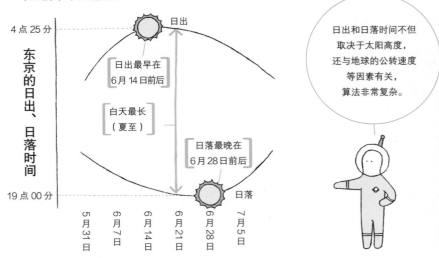

东京的日出、日落时间

4点25分

日出

日出最早在6月14日前后

白天最长（夏至）

日落最晚在6月28日前后

19点00分

日落

5月31日　6月7日　6月14日　6月21日　6月28日　7月5日

日出和日落时间不但取决于太阳高度，还与地球的公转速度等因素有关，算法非常复杂。

原太阳

Protosun

原太阳是指太阳完全成熟之前的状态，也就是"太阳宝宝"。

距今约 46 亿年前，宇宙中气体和尘埃云（星际云→ p141）较浓的部分，因附近的超新星爆发（p022）而被压缩，然后开始收缩。这部分物质慢慢演变成原太阳，最后成长为我们现在熟知的太阳。

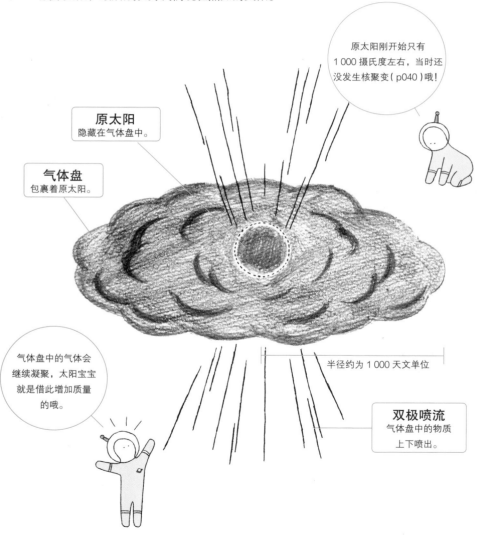

原太阳刚开始只有 1 000 摄氏度左右，当时还没发生核聚变（p040）哦！

原太阳
隐藏在气体盘中。

气体盘
包裹着原太阳。

气体盘中的气体会继续凝聚，太阳宝宝就是借此增加质量的哦。

半径约为 1 000 天文单位

双极喷流
气体盘中的物质上下喷出。

太阳是如何成长为"成熟星球"的

气体和尘埃云开始收缩后，太阳宝宝（原太阳）就诞生了。之后它会慢慢成长，成长到能进行核聚变反应的成熟星球（主序星→p150），大约需要 1 亿年。

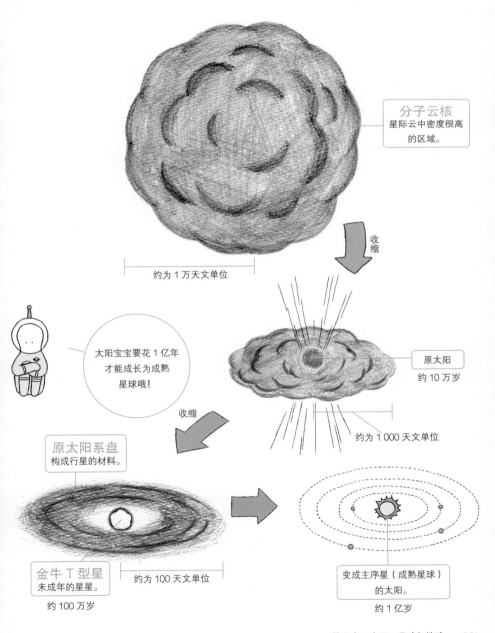

分子云核
星际云中密度很高的区域。

约为 1 万天文单位

收缩

太阳宝宝要花 1 亿年才能成长为成熟星球哦！

原太阳
约 10 万岁

约为 1 000 天文单位

收缩

原太阳系盘
构成行星的材料。

金牛 T 型星
未成年的星星。

约 100 万岁

约为 100 天文单位

变成主序星（成熟星球）的太阳。

约 1 亿岁

大碰撞

Giant impact

关于月球的形成，人类目前还没有完全弄清楚原因。

最主流的说法是地球在形成初期，与跟火星差不多大小的原行星（p112）发生撞击，散落在宇宙的碎片再次聚集，最后形成了月球。这个理论被称为大碰撞。

有关月球起源的各种学说

孪生说

月球和地球是在太阳系星云凝聚的过程中同时诞生的。

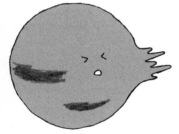

分裂说

以前地球的自转速度很快，月球是由地球上甩出的物质形成的。

这三个学说都有一定道理，但都缺少决定性的证据。

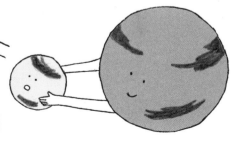

俘获说

月球是在别的地方形成的，但后来被地球的引力俘获了。

月球仅用 "1个月" 就形成了?

月球形成的假说之一。科学家们用电脑模拟大碰撞后月球形成的过程,发现月球只用了1个月到1年的时间就从散落的岩石里诞生了。

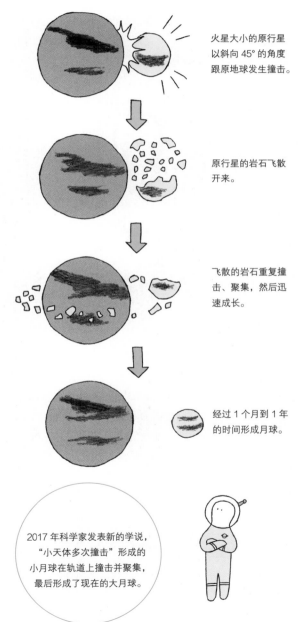

火星大小的原行星以斜向45°的角度跟原地球发生撞击。

原行星的岩石飞散开来。

飞散的岩石重复撞击、聚集,然后迅速成长。

经过1个月到1年的时间形成月球。

2017年科学家发表新的学说,"小天体多次撞击"形成的小月球在轨道上撞击并聚集,最后形成了现在的大月球。

月亮女神号

"辉夜姬"是JAXA(p292)在2007年发射的绕月探测卫星月亮女神号的爱称。它的正式名称是"SELENE"。月亮女神号在一年半的时间内进行了约 6 500 周的绕月飞行，使用 14 种装置探测月球。

月亮女神号的探测有什么新发现吗？

月亮女神号使用激光测度计探测并绘制了整个月球的地形图。这将在今后探测器着陆点的选择和月面基地的建造等项目上，起到至关重要的作用。另外，此次探测还发现月球表面和背面的引力大小有所不同，而且在月球背面近期发生过岩浆活动。这些发现可能促使人们在对月球的诞生和进化史的研究方面产生新的见解。垂直洞穴（ p047 ）也是这次探月活动的新发现之一。

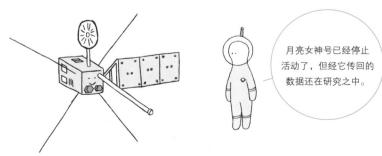

月亮女神号已经停止活动了，但经它传回的数据还在研究之中。

SLIM

SLIM 是 JAXA 预计在 2020 年发射的小型登月探测器。该项目的主要目的是开发对未来探测月球和行星至关重要的精确着陆技术。

未来的月球探测和开发将如何发展?

目前，世界各国都在积极地进行月球探测。2013 年，中国成为继美国、前苏联之后第三个成功发射无人登月探测器的国家。美国也发表了将在月球附近建设"Deep space Gateway"空间站的设想，这个空间站的主要目的是充当火星探测的中转站。日本也参与了美国的计划，同时 JAXA 发表了让日本宇航员登月的构想。而在民间，谷歌发起了一项无人登月竞赛（Google Lunar XPRIZE），目的是开发登月机器人。也许，"月球成为人类居住的家园"这个遥不可及的想法，很快就能实现了。

03

托勒密

公元 83 年前后—公元 168 年前后

古罗马时代，在埃及亚历山大做研究的托勒密对天体进行了精密的观测，并推算了以地球为中心的太阳、月亮和行星的运行轨道，建立了以地心说为基础的天文学体系。这些理论都收集在他所著的《天文学大成》一书中。在此后长达 1400 年的时间里，托勒密构建的宇宙观一直影响着西方天文界。

04

哥白尼

公元 1473 年—公元 1543 年

身为神父兼医生的哥白尼，一直对天文学很感兴趣。当时的主流思想是地心说，科学家们为了解释行星逆行（p075）等现象而引入了天球的概念。哥白尼不认同这个思想，于是开始翻阅各种古代文献，他在文献中发现了阿利斯塔克提出的日心说。哥白尼觉得日心说对行星逆行等现象的解释更令人信服，就转而坚持日心说了。

第 **3** 章

太阳系的其他天体

太阳系

Solar system

太阳系是太阳和因太阳引力而围绕它公转的行星等天体组成的集团。通俗地讲，就是"太阳一家"。

太阳系的主要成员有 1 个恒星（太阳）、8 个行星、几个矮行星（p107）、很多卫星、小行星（p100）和彗星等。

太阳系行星的公转轨道（从水星到火星）

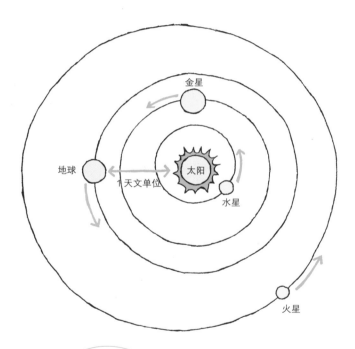

金星

太阳

地球

1 天文单位

水星

火星

地球和火星轨道的间隔是不定的，这是因为火星轨道是比较扁的椭圆。

太阳系行星等天体的公转轨道（火星之外）

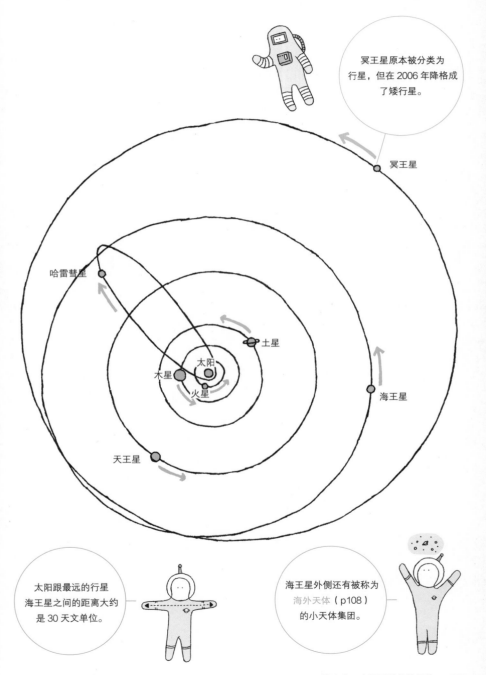

冥王星原本被分类为行星，但在 2006 年降格成了矮行星。

冥王星

哈雷彗星

土星

太阳

木星

火星

海王星

天王星

太阳跟最远的行星海王星之间的距离大约是 30 天文单位。

海王星外侧还有被称为 海外天体 （ p108 ） 的小天体集团。

地内行星

Inferior planet

以地球为基准，在靠近太阳内侧轨道上运行的水星和金星被称为地内行星。反之，在外侧轨道上运行的火星、木星、土星、天王星和海王星被称为地外行星。

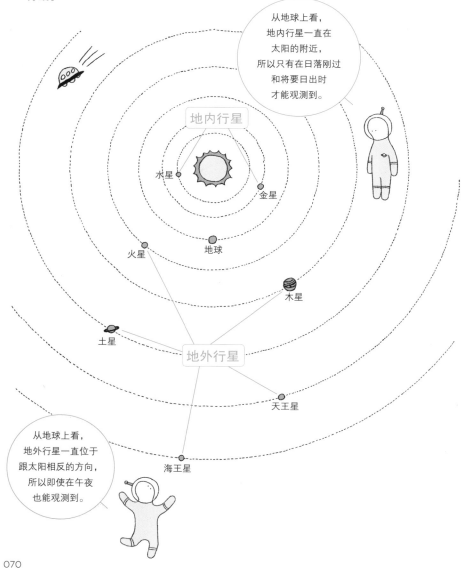

从地球上看，地内行星一直在太阳的附近，所以只有在日落刚过和将要日出时才能观测到。

从地球上看，地外行星一直位于跟太阳相反的方向，所以即使在午夜也能观测到。

水星　金星　地球　火星　木星　土星　天王星　海王星

地内行星

地外行星

气态巨行星

Gas giant

行星还可以按照大小和构成成分来分类。按这种方式分类：水星、金星、地球、火星是岩质行星（或类地行星），木星和土星是气态巨行星（或类木行星），天王星和海王星是冰质巨行星（或类天行星）。

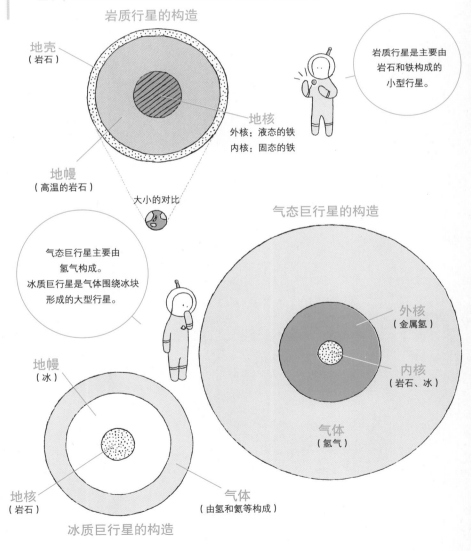

岩质行星的构造

地壳
（岩石）

地核
外核：液态的铁
内核：固态的铁

地幔
（高温的岩石）

大小的对比

岩质行星是主要由岩石和铁构成的小型行星。

气态巨行星主要由氢气构成。
冰质巨行星是气体围绕冰块形成的大型行星。

气态巨行星的构造

外核
（金属氢）

内核
（岩石、冰）

气体
（氢气）

地幔
（冰）

地核
（岩石）

气体
（由氢和氦等构成）

冰质巨行星的构造

天文单位

Astronomical unit

天文单位（也叫 AU）是天文学中使用的距离单位，它约等于 1 亿 5 000 万千米（确切数字是 149 597 870.7 千米）。天文单位的数值取自太阳和地球之间的平均距离，一般用来计量太阳系中各天体间的距离。

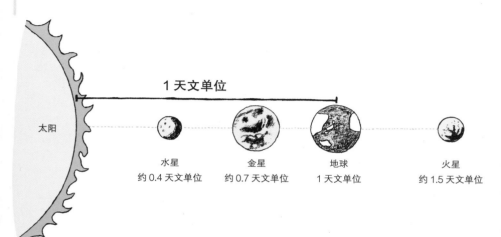

1 天文单位

太阳

水星
约 0.4 天文单位

金星
约 0.7 天文单位

地球
1 天文单位

火星
约 1.5 天文单位

太阳

木星
约 5 天文单位

土星
约 10 天文单位

天王星
约 19 天文单位

海王星
约 30 天文单位

用天文单位表示太阳到各行星间的距离，这样非常好记哦！

合

Conjunction

从地球看，地内行星和太阳位于完全相同方向的现象被称为合。
地内行星在太阳正前方的现象叫下合，在太阳正后方的现象叫上合。

大距

Greatest elongation

从地球看，地内行星距太阳最远的状态被称为大距。
地内行星在太阳东侧叫东大距，在太阳西侧叫西大距。

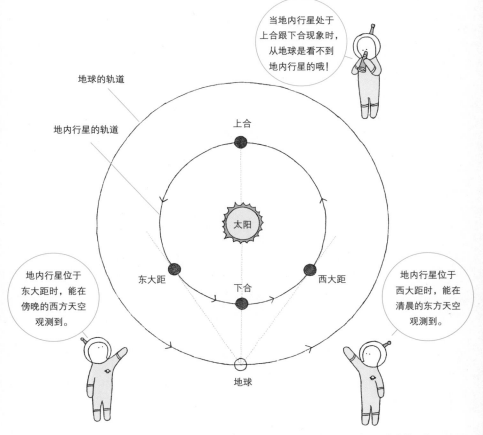

当地内行星处于上合跟下合现象时，从地球是看不到地内行星的哦！

地球的轨道

地内行星的轨道

上合

太阳

东大距

下合

西大距

地内行星位于东大距时，能在傍晚的西方天空观测到。

地内行星位于西大距时，能在清晨的东方天空观测到。

地球

冲

Opposition

从地球看，地外行星和太阳位于完全相反方向的现象被称为冲。

方照

Quadrature

从地球看，地外行星和太阳之间夹角（距角）为 90° 的现象被称为方照。地外行星位于东方 90° 时叫东方照，位于西方 90° 时叫西方照。

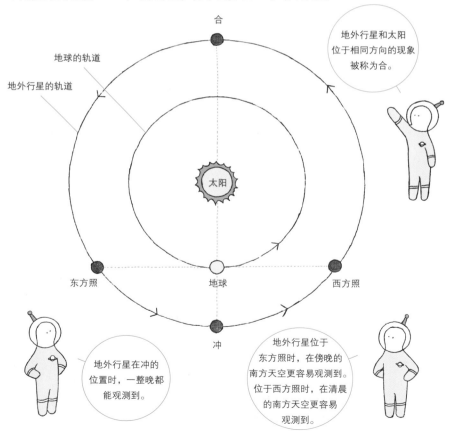

合

地球的轨道

地外行星的轨道

太阳

东方照

地球

西方照

冲

地外行星和太阳位于相同方向的现象被称为合。

地外行星在冲的位置时，一整晚都能观测到。

地外行星位于东方照时，在傍晚的南方天空更容易观测到。位于西方照时，在清晨的南方天空更容易观测到。

逆行

Retrograde motion

一般情况下，行星每天晚上都会在背景星星（恒星）之间缓缓向东移动，这种情况被称为顺行。但是，行星有时也会出现向西移动的特殊情况，这种情况被称为逆行。

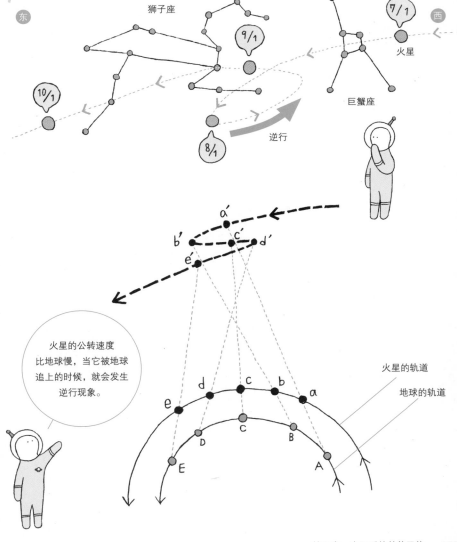

狮子座

9/1

10/1

东

西

7/1

火星

巨蟹座

8/1

逆行

火星的公转速度
比地球慢，当它被地球
追上的时候，就会发生
逆行现象。

火星的轨道

地球的轨道

开普勒定律
Kepler's laws of planetary motion

开普勒定律是有关太阳系行星公转的三个定律。
由德国天文学家开普勒（p116）于 17 世纪初期发现。

第一定律

所有行星绕太阳运行的轨道都是椭圆※，太阳在椭圆的一个焦点上。

※ 椭圆 = 到两个焦点的距离之和一定的点的集合。

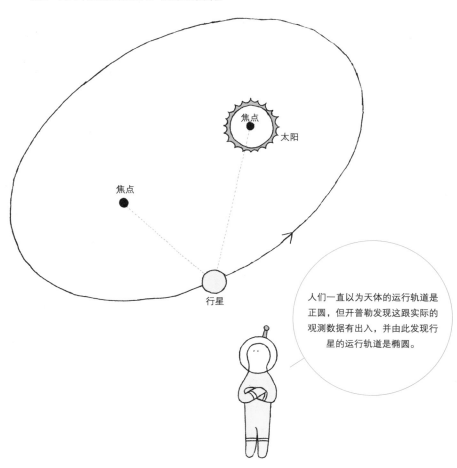

焦点
太阳
焦点
行星

人们一直以为天体的运行轨道是
正圆，但开普勒发现这跟实际的
观测数据有出入，并由此发现行
星的运行轨道是椭圆。

第二定律

行星和太阳的连线在相等的时间间隔内扫过相等的面积。

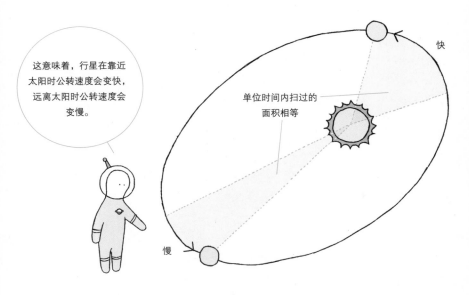

这意味着，行星在靠近太阳时公转速度会变快，远离太阳时公转速度会变慢。

单位时间内扫过的面积相等

快

慢

第三定律

所有行星绕太阳一周，其周期的平方与它们轨道半长轴的立方成比例。

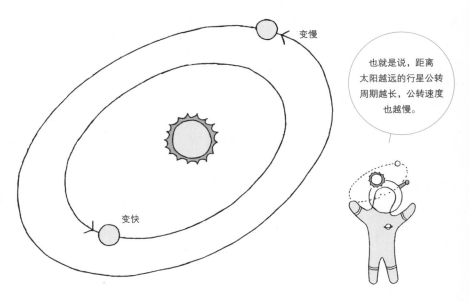

变慢

变快

也就是说，距离太阳越远的行星公转周期越长，公转速度也越慢。

水星

Mercury

水星是距离太阳最近的行星。在太阳系的所有行星中，水星的体积最小，但它的成分一半都是铁，所以水星也是太阳系所有行星中密度最高的行星。

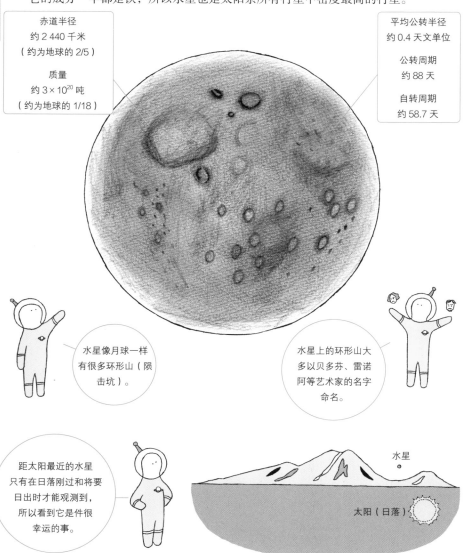

赤道半径
约 2 440 千米
（约为地球的 2/5）

质量
约 3 × 10^{20} 吨
（约为地球的 1/18）

平均公转半径
约 0.4 天文单位

公转周期
约 88 天

自转周期
约 58.7 天

水星像月球一样有很多环形山（陨击坑）。

水星上的环形山大多以贝多芬、雷诺阿等艺术家的名字命名。

距太阳最近的水星只有在日落刚过和将要日出时才能观测到，所以看到它是件很幸运的事。

水星

太阳（日落）

水星上的"1 天"相当于地球的 176 天吗?

水星的公转周期约为 88 天,自转周期约为 58.7 天。也就是说,水星进行 1 次公转时要自转 1.5 次。所以,水星上的"1 天"相当于地球的 176 天左右。水星的"白天"会持续 88 天,之后到来的"夜晚"也会持续 88 天。

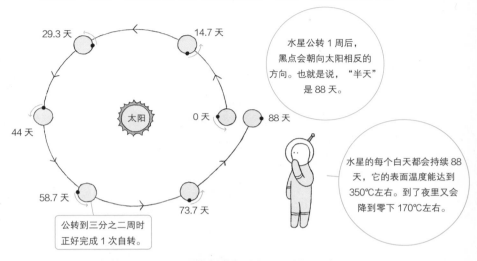

29.3 天

14.7 天

44 天

太阳

0 天   88 天

58.7 天

73.7 天

水星公转 1 周后,黑点会朝向太阳相反的方向。也就是说,"半天"是 88 天。

公转到三分之二周时正好完成 1 次自转。

水星的每个白天都会持续 88 天,它的表面温度能达到 350℃左右。到了夜里又会降到零下 170℃左右。

贝比科隆博水星探测计划

BepiColombo

贝比科隆博是 JAXA 跟 ESA(292)合作进行的水星探测项目。探测器于 2018 年 10 月发射,预计在 2024 年到达水星。

用火箭将 MMO(水星磁场探测器)和 MPO(水星表面探测器)两个独立探测器一起运输到水星。

金星

Venus

金星是在靠近太阳的第二条轨道上运行的行星。它的大小和质量与地球很相似，有时也被称为地球的"姐妹星"。其实，金星表面覆盖着一层以二氧化碳为主要成分的浓密大气，而且表面温度可达 450℃以上。

赤道半径
约 6 100 千米
（约为地球的 19/20）

质量
约 $5×10^{21}$ 吨
（约为地球的 4/5）

平均公转半径
约 0.7 天文单位

公转周期
约 225 天

自转周期
约 243 天

金星大气的主要成分是二氧化碳，气压是 90 标准大气压（地球的 90 倍）！

浓厚的大气层导致温室效应，使金星变成了一个灼热的星球。

金星外围浓厚的大气层能反射大部分太阳光，这就是金星看起来很明亮的原因。

从地球观察到的金星也有阴晴圆缺吗？

金星跟月球一样会反射太阳的光芒，当金星与地球之间的位置关系发生变化时，它反射光线的部分也会跟着变化。另外，金星与地球之间的距离变化非常大，所以看上去不仅有阴晴圆缺，大小也会变化。

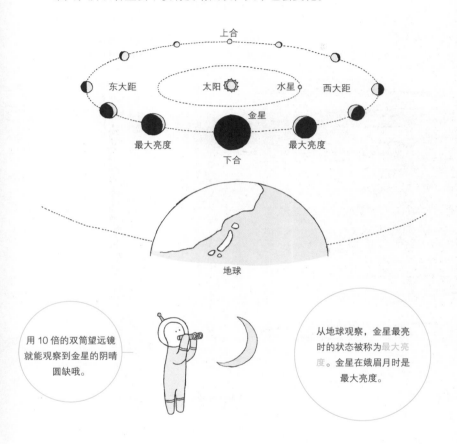

用 10 倍的双筒望远镜就能观察到金星的阴晴圆缺哦。

从地球观察，金星最亮时的状态被称为最大亮度。金星在娥眉月时是最大亮度。

长庚星 / 启明星

在傍晚的西方天空观测到的金星被称为长庚星，在拂晓的东方天空观测到的金星被称为启明星。但是很久以前，这两个名称指的是别的星星。

特快自转

Super-rotation

金星上存在超过它本身自转速度的大暴风，这个风暴现象被称为特快自转。

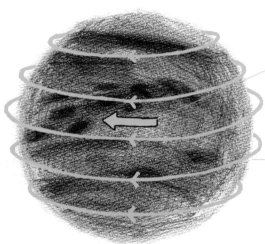

金星自转 1 周需要 243 天
（非常慢），
金星赤道附近的自转速
度约为每秒 1.6 米。

金星上存在着秒速可达
100 米的大暴风
（大约是其自转速度的
60 倍）。

地球赤道附近的自转速
度约为每秒 460m。

地球上的偏西风风速能
达到每秒 100 米左右，
但比地球本身的自转速
度慢很多。

"不存在超过自转速度
的风"这是气象学中的
常识，所以直到今天，
金星上大暴风的形成原
因仍是个谜。

黎明号

Dawn

黎明号是 JAXA 在 2010 年 5 月发射、2015 年 12 月进入金星轨道的金星探测器。它的任务是解开有关金星大气（例如特快自转）的各种谜团。

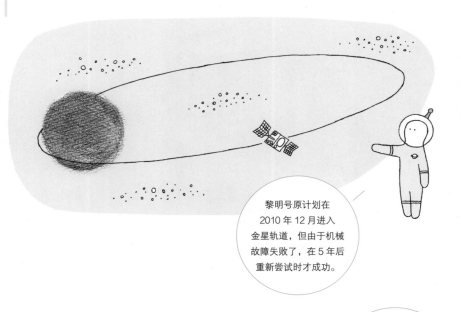

黎明号原计划在 2010 年 12 月进入金星轨道，但由于机械故障失败了，在 5 年后重新尝试时才成功。

金星上会下硫酸雨吗？

"黎明号"的主要任务是探测金星的大气和气象状况，例如硫酸云的数据和是否有雷电等。

硫酸云

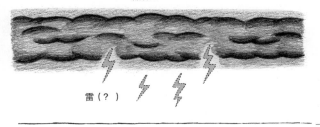

雷（？）

火星

Mars

火星是在地球外侧运转的太阳系第四行星。

现在火星是一个寒冷而干涸的星球，但科学家们认为以前火星上可能有海，甚至还可能有生命。

赤道半径
约 3 400 千米
（约为地球的一半）

质量
约 6×10²⁰ 吨
（约为地球的 1/9）

平均公转半径
约 1.5 天文单位

公转周期
约 687 天

自转周期
约 24.6 小时

火星的南极和北极
有由水冰和干冰组
成的极冠。

火星表面覆盖着一层
含氧化铁（生锈的铁）
的红土和岩石，所以
看起来是红色的。

火星上的地形是起伏不平
的，有很多险峻的高山和
峡谷，比如高度是珠穆朗
玛峰 3 倍的奥林匹斯山，
以及规模是科罗拉多大峡
谷 10 倍的水手峡谷。

奥林匹斯山

约三倍

珠穆朗玛峰

火星大接近

Mars' closest approach

每隔两年零两个月，地球和火星就会在公转轨道上会合，这时它们之间的距离会变得很近。但火星的轨道比地球的轨道更扁，所以接近时的距离也有远（小接近）有近（大接近），这种接近大约 15 至 17 年循环一次。

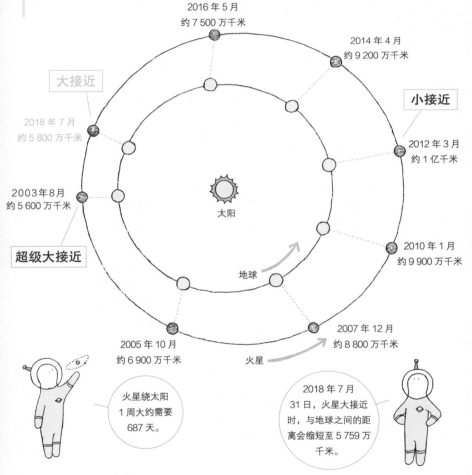

2016 年 5 月
约 7 500 万千米

2014 年 4 月
约 9 200 万千米

大接近

小接近

2018 年 7 月
约 5 800 万千米

2012 年 3 月
约 1 亿千米

2003 年 8 月
约 5 600 万千米

太阳

2010 年 1 月
约 9 900 万千米

超级大接近

地球

2005 年 10 月
约 6 900 万千米

火星

2007 年 12 月
约 8 800 万千米

火星绕太阳 1 周大约需要 687 天。

2018 年 7 月 31 日，火星大接近时，与地球之间的距离会缩短至 5 759 万千米。

火星接近时是发射探测器的好时机吗？

火星接近地球时，是发射探测器的最好时机，所以火星探测器一般每隔两年零两个月发射一次。

海盗号

海盗号是 NASA 发射到火星上的两台无人探测机。1976 年海盗 1 号和海盗 2 号在火星着陆，它们采集了火星的土壤，用于检测里面有没有微生物，但并没有发现生命的迹象。

好奇号

Curiosity

好奇号是 NASA 研制出的新型火星车，它于 2012 年登陆火星。好奇号在火星表面发现了液态水（盐水）现存的证据，还有火星曾经有能孕育生命的环境的证据。

海盗号

好奇号

现在仍有科学家相信，火星的地下生存着微生物。为了继续探索火星，今后各国仍将向火星发射探测器。

火卫一 / 火卫二

Phobos / Deimos

火星有两颗天然卫星。第一卫星叫火卫一，第二卫星叫火卫二。火星的卫星不像地球的卫星——月亮那样又大又圆，而是像土豆一样呈不规则椭圆形。

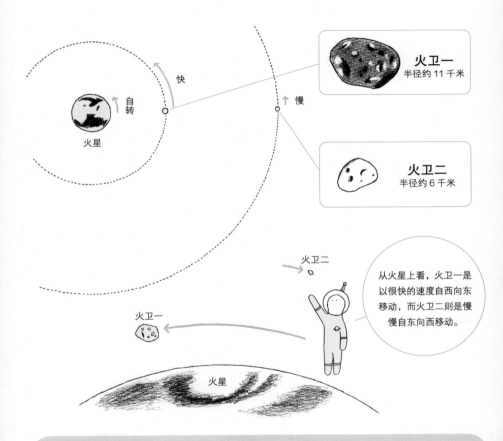

火卫一
半径约 11 千米

火卫二
半径约 6 千米

从火星上看，火卫一是以很快的速度自西向东移动，而火卫二则是慢慢自东向西移动。

MMX

Martian Moons eXploration

MMX 是 JAXA 跟 NASA 等机构共同研发的火星卫星探测计划。它的目的是观测火卫一和火卫二，在火卫一上着陆并采集沙子送回地球等。据预测，MMX 将于 2024 年发射，2029 年返回地球。

木星
Jupiter

木星是太阳系的第五行星，也是太阳系最大的行星。

木星主要由气体构成。比起地球，它其实更像太阳。如果木星的质量比现在重 80 倍左右，就会变成像太阳一样能进行核聚变的恒星。

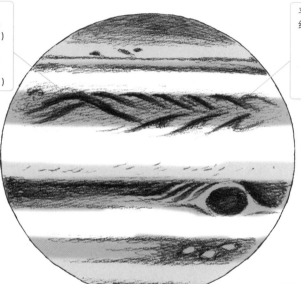

赤道半径
约 7 万 1 000 千米
（约为地球的 11 倍）

质量
约 2×10^{24} 吨
（约为地球的 320 倍）

平均公转半径
约 5 天文单位

公转周期
约 12 年

自转周期
约 10 小时

虽然木星体积很大，但质量的 90% 都是氢气，所以它的密度只有地球的 1/4 左右。

木星上的纹理是由氨冰颗粒构成的云。颗粒大小和云层厚度不同，呈现的颜色也不同。

木星自转速度很快，所以是一个赤道方向较宽的椭圆形球体。

极半径
约为 6 万 7 000 千米

赤道半径
约为 7 万 1 000 千米

木星也有环吗？

美丽的土星环非常有名，但其实木星、天王星、海王星也有环。不过，它们的环都不像土星环那么大，只有用大型望远镜才能观测到。

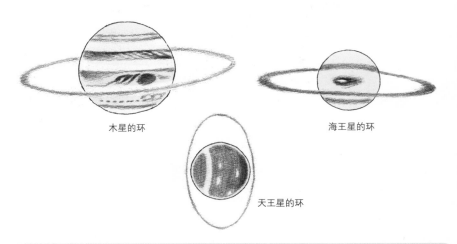

木星的环

海王星的环

天王星的环

大红斑

Great red spot

木星南半球有一种特殊的红色旋涡状斑纹，它被称为大红斑。大红斑的大小是地球的 2 至 3 倍，据推测，它是像台风一样的气象现象（不过地球的台风是低气压形成的气旋，而木星大红斑是高气压形成的气旋）。

地球

木星大红斑已经存在 300 多年了哦！

伽利略卫星

Galilean moons

截至 2017 年 10 月，人们共发现 69 颗木星的卫星。

其中，伽利略（p116）发现的 4 颗卫星比其他卫星大很多，所以被统称为伽利略卫星。

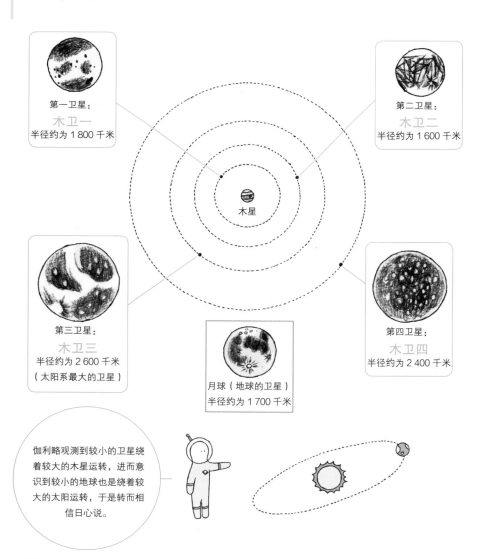

第一卫星：
木卫一
半径约为 1 800 千米

第二卫星：
木卫二
半径约为 1 600 千米

木星

第三卫星：
木卫三
半径约为 2 600 千米
（太阳系最大的卫星）

月球（地球的卫星）
半径约为 1 700 千米

第四卫星：
木卫四
半径约为 2 400 千米

伽利略观测到较小的卫星绕着较大的木星运转，进而意识到较小的地球也是绕着较大的太阳运转，于是转而相信日心说。

伽利略卫星上有"海"吗?

木卫二是表面覆盖着厚厚冰层的冰质卫星。但科学家们预测,冰层下可能存在液态的海(可以称之为地下海或内部海)。木星体积巨大,它能给予木卫二很强的引潮力(p049),所以木卫二一直在剧烈地摇动。科学家们认为,这些动能会转化为热量并融化冰块,从而形成液态的海。

既然有海,
就可能有生命
存在。

木卫二上地下海的想象图

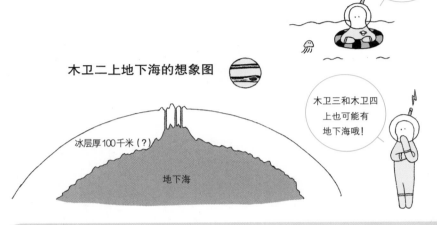

冰层厚100千米(?)

地下海

木卫三和木卫四
上也可能有
地下海哦!

欧罗巴快帆（木卫二飞剪）

Europa clipper

欧罗巴快帆是 NASA 预计在 2020 年前后发射的木卫二探测器。它的目的是对木卫二进行飞掠探查(接近的探测方式)并拍摄冰层表面的高清照片,还有探测木卫二的内部结构等。

欧洲也计划向木星的
冰质卫星发射名为
"JUICE"的探测器哦!

土星

Saturn

土星有一个美丽的环，它是太阳系中体积仅次于木星的第二大行星。土星跟木星差不多，也是主要由气体构成的星球。它表面的花纹比木星淡一些，看起来不那么显眼。

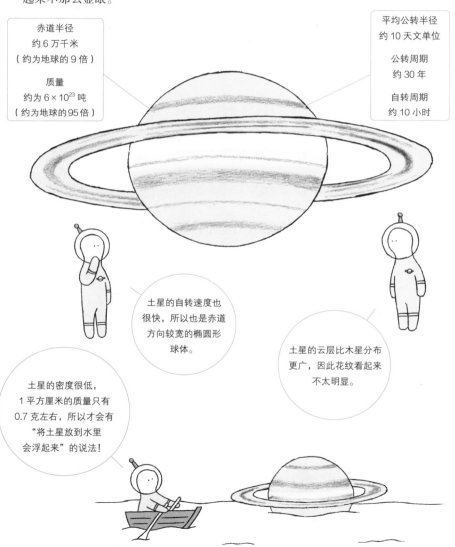

赤道半径
约 6 万千米
（约为地球的 9 倍）

质量
约为 $6×10^{23}$ 吨
（约为地球的 95 倍）

平均公转半径
约 10 天文单位

公转周期
约 30 年

自转周期
约 10 小时

土星的自转速度也很快，所以也是赤道方向较宽的椭圆形球体。

土星的云层比木星分布更广，因此花纹看起来不太明显。

土星的密度很低，1 平方厘米的质量只有 0.7 克左右，所以才会有"将土星放到水里会浮起来"的说法！

环

Ring

土星环的半径约为 14 万千米，但厚度却只有几百米。土星环并非片状，而是由很多大小不一的冰块（还混有岩石）构成的。

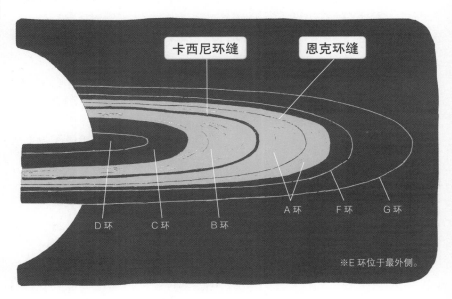

卡西尼环缝　　恩克环缝

D 环　　C 环　　B 环　　A 环　　F 环　　G 环

※E 环位于最外侧。

土星环会消失吗？

土星环的厚度只有几百米，从水平方向几乎是看不见的。从地球上观测的土星的倾角，会以土星的公转周期（30 年）为周期而变化。在这个过程中，土星环会"消失"两次，也就是每隔 15 年消失一次。

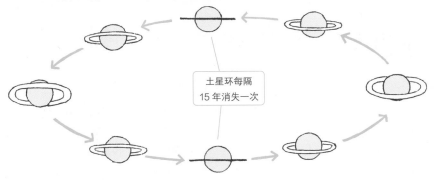

土星环每隔
15 年消失一次

土卫二

Enceladus

土卫二（也叫恩克拉多斯）是土星的第二卫星，它是一颗半径约为 250 千米的小型冰质卫星。土卫二表面冰层下有地下海，而且也探测到了有机物，它是很可能有生命迹象的热门星球。

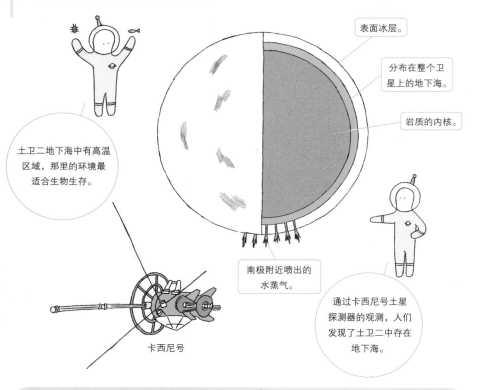

表面冰层。

分布在整个卫星上的地下海。

岩质的内核。

土卫二地下海中有高温区域，那里的环境最适合生物生存。

南极附近喷出的水蒸气。

卡西尼号

通过卡西尼号土星探测器的观测，人们发现了土卫二中存在地下海。

卡西尼-惠更斯号

Cassini-Huygens

卡西尼号是 NASA 和 ESA 共同开发，并于 1997 年发射的土星探测器。它在 2004 年进入土星轨道并开始对土星及土卫二等进行探测。后来，还在土卫六（泰坦）上投放了小型着陆探测器——惠更斯号，用于探测土卫六地表的情况。2017 年 9 月，卡西尼号进入土星大气，就此完成了自己的探测使命。

土卫六

Titan

土星有超过 60 个卫星，其中最大的就是土卫六。土卫六有一层浓厚的大气，大气的主要成分为氮气和甲烷。有时土卫六上会下液态的甲烷雨，当甲烷雨降落到地表就会形成液态甲烷的河流和湖泊。

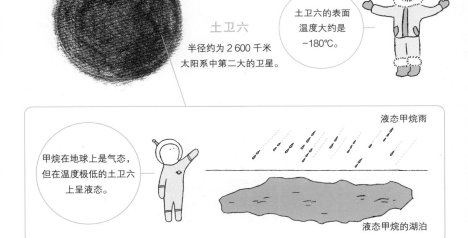

土卫六

半径约为 2 600 千米

太阳系中第二大的卫星。

土卫六的表面温度大约是 −180℃。

甲烷在地球上是气态，但在温度极低的土卫六上呈液态。

液态甲烷雨

液态甲烷的湖泊

土卫六上可能存在不同性质的生命吗？

液态水是地球生命不可或缺的物质。有的科学家认为，虽然土卫六上的水是冰冻状态，但甲烷却是液态，如果液态甲烷能代替水，也许会有以液态甲烷为主要成分的生命存在。

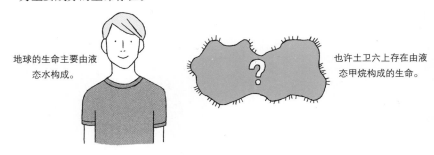

地球的生命主要由液态水构成。

也许土卫六上存在由液态甲烷构成的生命。

天王星

Uranus

从水星到土星之间的行星，都是古人用肉眼观察到的。但位于土星外侧的天
王星，则是用望远镜观测到的行星。

天王星和海王星看起来呈蓝色，这是因为它们的大气层中除了主要成分氢气
和氦气，还混有少量甲烷。

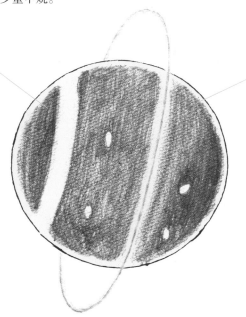

赤道半径
约 2 万 6 000 千米
（约为地球的 4 倍）

质量
约 9×10^{22} 吨
（约为地球的 15 倍）

平均公转半径
约 19 天文单位

公转周期
约 84 年

自转周期
约 17 小时

天王星是侧着自转的吗?

天王星的自转面几乎垂直于公转面，也就是说它是侧着自转的。据推测，这
是天王星诞生时跟其他天体相撞造成的结果。

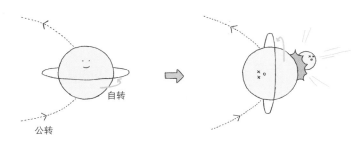

自转

公转

海王星

Neptune

位于天王星外侧的海王星，是人类通过计算发现的行星。当科学家发现天王星的运行跟计算结果不符时，他们推测其外侧另有其他星球对它施加外力，于是在推测位置发现了新的行星——海王星。

天王星和海王星的大小、结构等都非常相似，可以说是像双胞胎一样的行星。

赤道半径
约 2 万 5 000 千米
（约为地球的 4 倍）

质量
约 1×10^{23} 吨
（约为地球的 17 倍）

平均公转半径
约 30 天文单位

公转周期
约 165 年

自转周期
约 16 小时

海王星的卫星海卫一是个叛逆的逆行卫星？

海卫一是海王星最大的卫星，也是太阳系的大型卫星中唯一一个公转方向跟行星自转方向相反的逆行卫星。

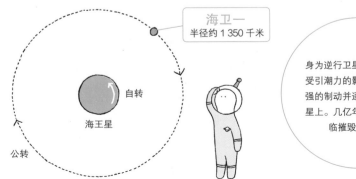

海卫一
半径约 1 350 千米

自转

海王星

公转

身为逆行卫星的海卫一因为受引潮力的影响，会遭到很强的制动并逐渐坠落到海王星上。几亿年之后，它将面临摧毁的命运。

哈雷彗星

Halley's comet

哈雷彗星是每76年左右接近太阳或地球一次的彗星（p028）。它每次回归时都会拖着长长的尾巴，这一特点尽人皆知。上次哈雷彗星接近地球是在1986年，下次则是2061年。

代表性的彗星轨道

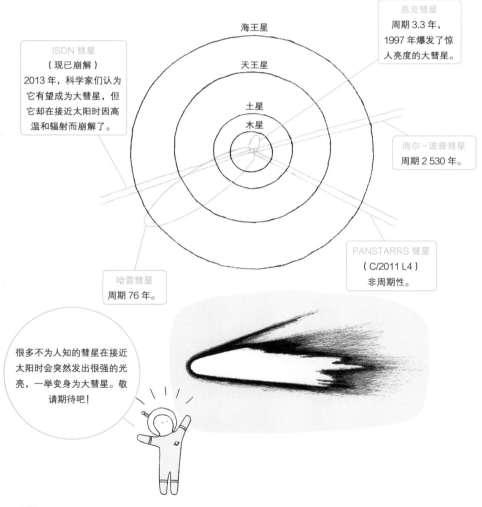

恩克彗星
周期3.3年，
1997年爆发了惊人亮度的大彗星。

ISON 彗星
（现已崩解）
2013年，科学家们认为它有望成为大彗星，但它却在接近太阳时因高温和辐射而崩解了。

海尔－波普彗星
周期2 530年。

海王星

天王星

土星

木星

PANSTARRS 彗星
（C/2011 L4）
非周期性。

哈雷彗星
周期76年。

很多不为人知的彗星在接近太阳时会突然发出很强的光亮，一举变身为大彗星。敬请期待吧！

有无法回来的彗星吗?

彗星有两种:一种是会按照一定周期接近太阳的周期彗星,另一种是接近太阳后就无法回来的非周期彗星。周期彗星又分为短周期彗星和长周期彗星,短周期彗星的周期在两百年以下,长周期彗星的周期在两百年以上(有时会将非周期彗星归到长周期彗星的范畴里)。

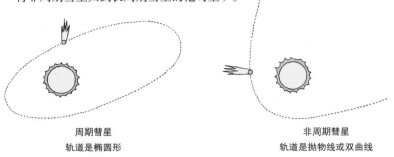

周期彗星
轨道是椭圆形

非周期彗星
轨道是抛物线或双曲线

流星雨

Meteor shower

如果某些彗星的轨道跟地球的轨道产生交叉,当地球通过交叉点时,彗星散落的大量尘埃就会进入地球的大气层,最后形成流星雨(p029)。地球通过彗星轨道的日期通常是确定的,所以每年特定时期都会出现流星雨。

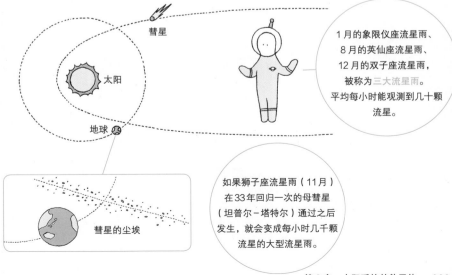

彗星

太阳

地球

彗星的尘埃

1 月的象限仪座流星雨、
8 月的英仙座流星雨、
12 月的双子座流星雨,
被称为三大流星雨。
平均每小时能观测到几十颗
流星。

如果狮子座流星雨(11 月)
在 33 年回归一次的母彗星
(坦普尔-塔特尔)通过之后
发生,就会变成每小时几千颗
流星的大型流星雨。

小行星

Asteroid

小行星是指太阳系中除彗星之外的小天体。彗星有彗发（稀薄的大气 → p028）和彗尾，而小行星没有。

大多数小行星都是直径（或长径）不足 10 千米的小型天体。

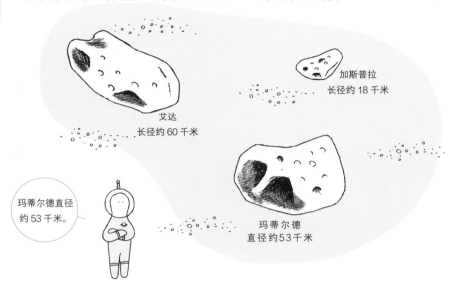

加斯普拉
长径约 18 千米

艾达
长径约 60 千米

玛蒂尔德直径
约 53 千米。

玛蒂尔德
直径约 53 千米

小行星是怎样形成的？

太阳系的行星诞生初期，会先形成小型的微行星，这些微行星之间相互碰撞、结合后变成了现在的行星。科学家们认为，一些碰撞速度太快的微行星无法结合，最后就变成了小行星。

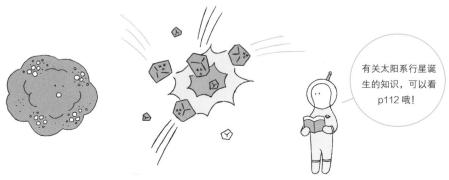

有关太阳系行星诞生的知识，可以看 p112 哦！

小行星带

Asteroid belt

火星轨道和木星轨道之间距太阳 2 ～ 3.5 天文单位的地方，存在着数百万颗小行星。这片区域被称为小行星带。除了这个小行星带，附近还有几乎跟木星沿同一轨道运行的特洛伊型小行星等小天体。

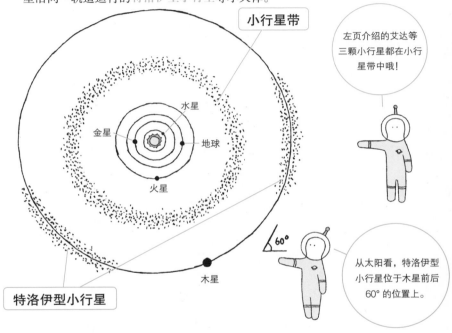

小行星带

水星

金星

地球

火星

木星

特洛伊型小行星

左页介绍的艾达等三颗小行星都在小行星带中哦！

60°

从太阳看，特洛伊型小行星位于木星前后 60° 的位置上。

为什么称小行星为"太阳系的化石"？

太阳系的行星和卫星在形成时会因为冲击而熔化，一部分小行星却逃过了此劫。因为小行星保持了太阳系形成时的状态，所以被称为"太阳系的化石"。

谷神星

Ceres

谷神星是人类发现的第一颗小行星。1801 年，科学家们刚发现谷神星时，认为它是一颗新的行星，但它的直径只有 950 千米左右（约为水星的 1/5），而且后来陆续在它附近轨道上发现了很多小天体，于是就将它们统称为小行星了。

※ 现在谷神星被分类为矮行星（p107）。

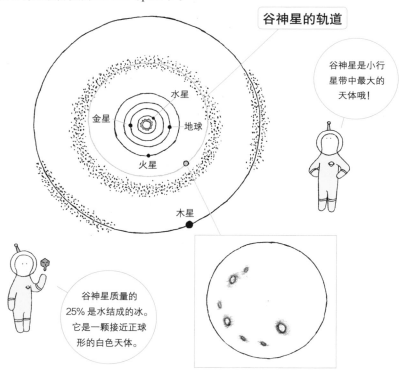

谷神星的轨道

水星
金星
地球
火星
木星

谷神星是小行星带中最大的天体哦！

谷神星质量的 25% 是水结成的冰。它是一颗接近正球形的白色天体。

曙光号

Dawn

曙光号是 NASA 在 2007 年发射的探测器。它于 2011 年造访小行星 4 号灶神星，然后于 2015 年进入谷神星的轨道，开始详细观测谷神星。

隼鸟号 / 隼鸟 2 号

MUSES-C / Hayabusa2

隼鸟号和隼鸟 2 号是日本宇宙科学研究所（p292）发射的小行星探测器。隼鸟号登陆小行星丝川，采集了表面样本，然后于 2010 年回到了地球。2014 年发射的隼鸟 2 号于 2018 年 6 月至 7 月到达小行星龙宫，预计 2020 年返回地球。

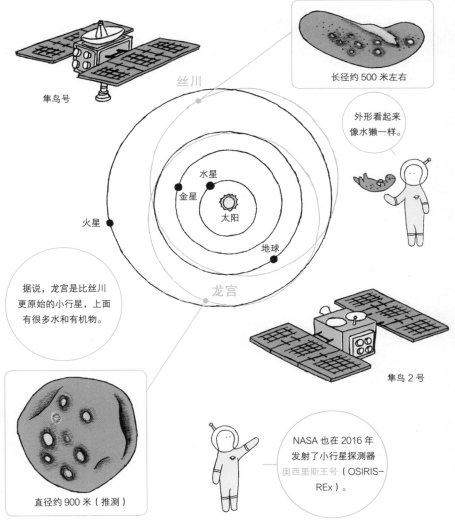

隼鸟号

丝川

长径约 500 米左右

外形看起来像水獭一样。

水星
金星
太阳
火星
地球

龙宫

据说，龙宫是比丝川更原始的小行星，上面有很多水和有机物。

隼鸟 2 号

直径约 900 米（推测）

NASA 也在 2016 年发射了小行星探测器奥西里斯王号（OSIRIS-REx）。

陨石
Meteorite

大部分流星（p029）都会在大气层中燃烧殆尽，但有时小行星的碎片会穿过大气层，未燃尽的部分会落到地上，这部分被称为陨石。陨石有大有小，有些重达几十吨，有些只有几克。

落在日本的最大陨石
气仙陨石
（长 75 厘米、宽 45 厘米、重 135 千克）

陨石是落到地球上的小行星碎片，它们也保留了太阳系初期的样子，所以也是"太阳系的化石"。

南极是陨石的宝库吗？

人们在南极发现了大量的陨石（称之为南极陨石）。南极是一片由雪和冰构成的白色世界，黑色的陨石看起来非常显眼。落在南极的陨石会被冰带到山脉附近，所以一次能发现很多。

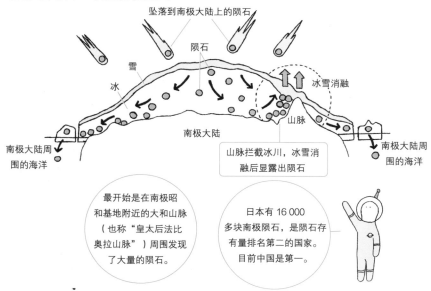

坠落到南极大陆上的陨石

陨石

雪

冰

冰雪消融

南极大陆

山脉

南极大陆周围的海洋

山脉拦截冰川，冰雪消融后显露出陨石

南极大陆周围的海洋

最开始是在南极昭和基地附近的大和山脉（也称"皇太后法比奥拉山脉"）周围发现了大量的陨石。

日本有 16 000 多块南极陨石，是陨石存有量排名第二的国家。目前中国是第一。

近地天体

Near Earth Object

近地天体（NEO）是指轨道在地球附近的小天体（小行星或彗星等）。目前发现的近地天体已经超过 16 000 个，但从运行轨道上看，并没有发现将来可能撞击地球的天体。

有科学家认为，恐龙灭绝就是直径 10 千米的小行星撞击地球导致的。

目前，稍微大一些的近地天体基本已经全部被发现，它们都没有撞击地球的危险，这下可以安心了。

通古斯大爆炸

Tunguska explosion

1908 年，直径约 50 米的近地天体向俄罗斯西伯利亚的山区坠落，并在空中发生了大爆炸（通古斯大爆炸）。超过 2 150 平方千米的森林遭焚毁，但因当地人迹罕至，所幸没有造成人员伤亡。2013 年俄罗斯又经历了车里雅宾斯克陨石（直径 17 米）坠落引发的爆炸。

直径几十米的近地天体目前只发现了百分之几，将来还需要想想对策。

冥王星

Pluto

冥王星过去一直被视为太阳系最远的行星（第九行星），但由于体积小等众多特殊的性质，加之与之大小相似的小天体陆陆续续被发现，所以 2006 年冥王星被"降格"为矮行星。

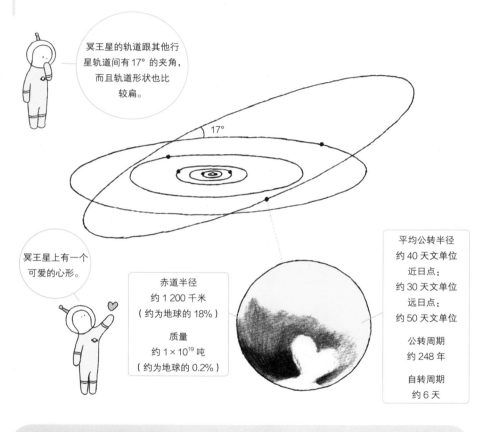

冥王星的轨道跟其他行星轨道间有 17° 的夹角，而且轨道形状也比较扁。

17°

冥王星上有一个可爱的心形。

赤道半径
约 1 200 千米
（约为地球的 18%）

质量
约 1×10^{19} 吨
（约为地球的 0.2%）

平均公转半径
约 40 天文单位
近日点：
约 30 天文单位
远日点：
约 50 天文单位

公转周期
约 248 年

自转周期
约 6 天

新视野号

New horizons

新视野号是 NASA 在 2006 年发射的无人探测器，它于 2015 年接近冥王星并拍摄了冥王星表面的样子。现在它正飞往另一个海外天体（p108）。

矮行星

Dwarf planet

2006 年，国际天文学联合会召开了全体会议，重新对太阳系的行星进行定义：①围绕太阳公转；②外表呈球形（证明足够大）；③附近轨道不存在其他天体。冥王星不符合条件③，所以被归到矮行星（只符合条件①和②）这个新的类别里。

矮行星的轨道

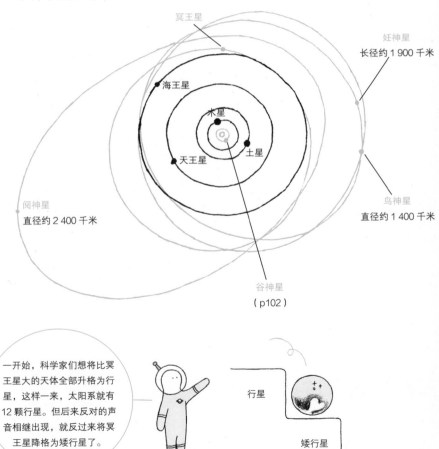

冥王星

妊神星
长径约 1 900 千米

海王星

木星

土星

天王星

阅神星
直径约 2 400 千米

鸟神星
直径约 1 400 千米

谷神星
（p102）

一开始，科学家们想将比冥王星大的天体全部升格为行星，这样一来，太阳系就有 12 颗行星。但后来反对的声音相继出现，就反过来将冥王星降格为矮行星了。

行星

矮行星

埃奇沃斯－柯伊伯带

Edgeworth–Kuiper belt

20世纪50年代，爱尔兰天文学家埃奇沃斯和美国天文学家柯伊伯提出，在太阳系边缘存在着一个由小天体构成的圆盘（甜甜圈）状区域，而彗星就是从这个区域诞生的。为了纪念这两位天文学家，人们就将这个圆盘状区域命名为埃奇沃斯－柯伊伯带（或柯伊伯带）。

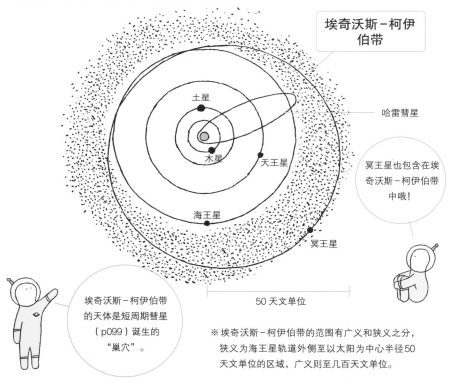

埃奇沃斯－柯伊伯带

土星

木星

天王星

海王星

哈雷彗星

冥王星也包含在埃奇沃斯－柯伊伯带中哦！

冥王星

50 天文单位

埃奇沃斯－柯伊伯带的天体是短周期彗星（p099）诞生的"巢穴"。

※ 埃奇沃斯－柯伊伯带的范围有广义和狭义之分，狭义为海王星轨道外侧至以太阳为中心半径50天文单位的区域，广义则至几百天文单位。

海外天体

Trans-Neptunian objects

20世纪90年代之后，海王星轨道外的大部分小天体陆续被发现，也确认了埃奇沃斯－柯伊伯带的存在。现在人们将这个区域的天体统称为海外天体。

奥尔特云

Oort cloud

奥尔特云是一个包围着太阳系的假想球形云状天体群。1950 年，荷兰天文学家奥尔特提出，长周期彗星和非周期彗星（p099）来源于带外的云状区域，这就是我们后来所说的奥尔特云。

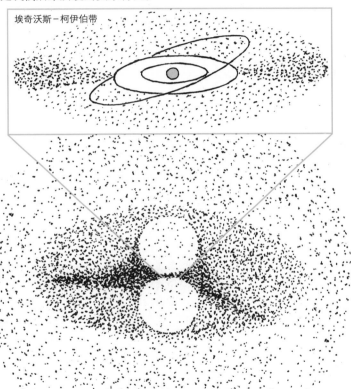

埃奇沃斯－柯伊伯带

10 万天文单位

奥尔特云中的天体非常暗，目前还无法观测到。

太阳系第九行星

Planet nine

很多天文学家都认为海王星外侧还有一个行星大小的天体存在，并且一直致力于发现它。2016 年，美国几位天文学家用电脑呈现了太阳系第九行星轨道模拟实验，引起了很大轰动。

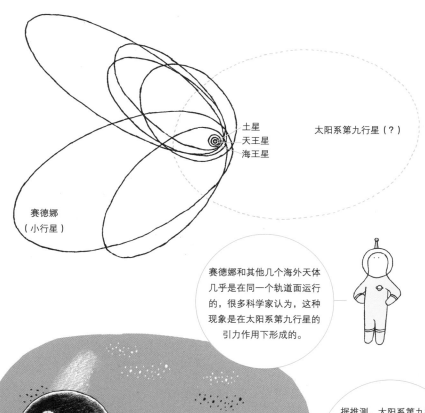

土星
天王星
海王星

太阳系第九行星（？）

赛德娜
（小行星）

赛德娜和其他几个海外天体几乎是在同一个轨道面运行的，很多科学家认为，这种现象是在太阳系第九行星的引力作用下形成的。

太阳

据推测，太阳系第九行星在海王星轨道半径 20 倍以上的遥远地区进行为期 1 万～2 万年的公转，它的直径是地球的 2 至 4 倍，质量是地球的 10 倍左右。

日球层

Heliosphere

日球层是指太阳风（p041）影响的区域。太阳风在遭遇银河系的星际介质（p140）后会停滞，然后形成一个边界（称之为日球层顶）。

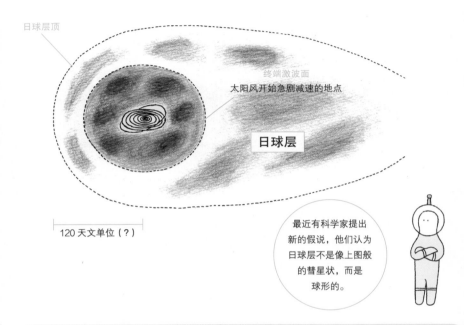

日球层顶

终端激波面
太阳风开始急剧减速的地点

日球层

120 天文单位（？）

最近有科学家提出新的假说，他们认为日球层不是像上图般的彗星状，而是球形的。

旅行者 1 号

Voyager 1

旅行者 1 号是 NASA 在 1977 年发射的无人探测器，它完成木星和土星的近距离观测后，继续进行宇宙航行。2012 年 8 月，它到达并通过日球层顶，成为第一个穿越日球层的人造物。

再见啦，
日球层！

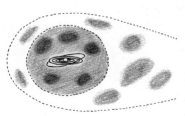

原太阳系盘

Protosolar disk

原太阳系盘是由浓厚的气体和尘埃等构成的圆盘状星云，这些气体和尘埃正是太阳系行星形成所需的材料。原太阳系盘中会产生很多微行星（星子），这些微行星不断碰撞、结合后变成原行星，最后再慢慢成长为太阳系的几大行星。

前文介绍了太阳诞生的过程（p060），下面给大家讲讲行星诞生的过程。

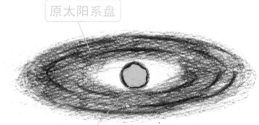

原太阳系盘

金牛 T 型星

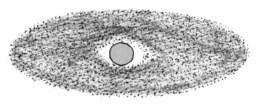

圆盘内的固体尘埃转化成无数个直径几千米的微行星。

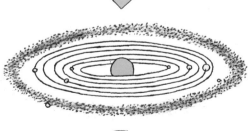

微行星之间相互碰撞、结合后变成原行星，原行星继续结合，再慢慢形成各大行星。

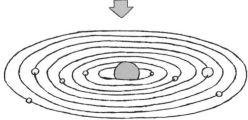

圆盘内的气体完全消失，形成现在的太阳系。

为什么会形成岩质行星、气态巨行星、冰质巨行星三种不同的行星?

原太阳系盘中靠近太阳的位置，冰因受热而汽化，所以会形成由岩石和金属构成的小型微行星。相反，远离太阳的位置则会形成含有大量冰的大型微行星。这种差异导致最后形成了性质不同的行星。

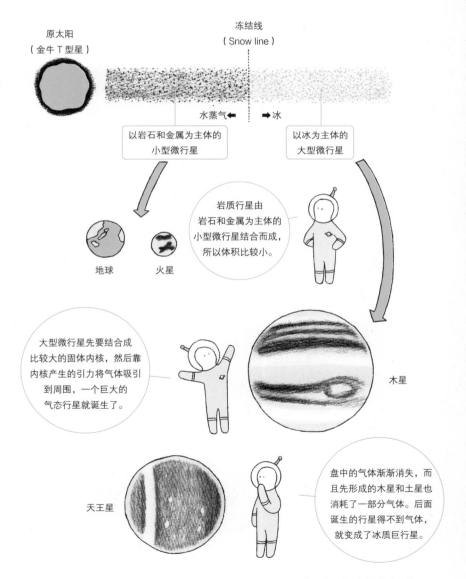

原太阳
（金牛 T 型星）

冻结线
（Snow line）

水蒸气 ← → 冰

以岩石和金属为主体的
小型微行星

以冰为主体的
大型微行星

岩质行星由
岩石和金属为主体的
小型微行星结合而成，
所以体积比较小。

地球   火星

大型微行星先要结合成
比较大的固体内核，然后靠
内核产生的引力将气体吸引
到周围，一个巨大的
气态行星就诞生了。

木星

天王星

盘中的气体渐渐消失，而
且先形成的木星和土星也
消耗了一部分气体。后面
诞生的行星得不到气体，
就变成了冰质巨行星。

大迁徙理论

Grand tack theory

大迁徙理论是关于太阳系形成过程的最新假说。大迁徙理论认为，在太阳系形成初期，木星和土星是向太阳靠近的，但后来又掉转方向朝外侧移动。这个理论更好地解释了火星为什么是一颗小型岩质行星。

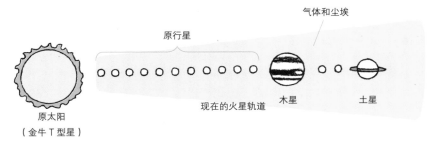

气体和尘埃

原行星

现在的火星轨道　　　　木星　　　　土星

原太阳
（金牛 T 型星）

以前的理论认为，火星轨道附近原本有很多原行星，火星由这些原行星碰撞、结合而成。但按照这个理论，火星应该会变成跟地球大小差不多的大型行星。

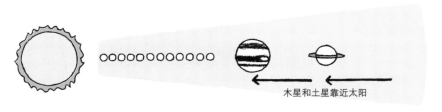

木星和土星靠近太阳

大迁徙理论认为，木星和土星受到原太阳系盘内气体的阻碍（正确来说是角动量减少），轨道会慢慢靠近太阳。因此，很多原行星被推到了外侧或更内侧。

火星轨道　　　　木星和土星回归
（没有原行星）　　　（大迁徙）

当原太阳系盘中的气体消失时，木星和土星再次向外侧移动，所以现在火星轨道附近基本没有原行星。这也解释了为什么火星只能成为小型的岩质行星。

我们能观测到太阳系诞生的"过程"吗?

自从阿尔马望远镜(p296)等先进仪器开始投入使用后,人类便可以观测恒星周围行星诞生的过程了。经过不断的观测和理论研究,我们不但能验证大迁徙理论是否正确,还能进一步了解太阳系行星形成的有关情况。

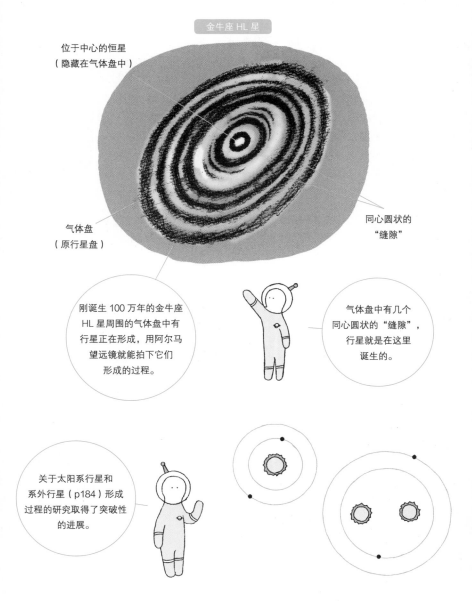

金牛座 HL 星

位于中心的恒星
(隐藏在气体盘中)

气体盘
(原行星盘)

同心圆状的
"缝隙"

刚诞生 100 万年的金牛座 HL 星周围的气体盘中有行星正在形成,用阿尔马望远镜就能拍下它们形成的过程。

气体盘中有几个同心圆状的"缝隙",行星就是在这里诞生的。

关于太阳系行星和系外行星(p184)形成过程的研究取得了突破性的进展。

05

开普勒

公元 1571 年—公元 1630 年

开普勒是拥有杰出数学才能的天文学家，他是丹麦著名天文学家布拉赫的徒弟。布拉赫去世后，开普勒继续研究他留下的大批观测数据。对比数据后，开普勒发现行星并不像大家猜测的沿正圆轨道运行，而是沿着椭圆轨道运行。后来他以此为基础推导出了著名的开普勒定律（p076）。

06

伽利略

儒略历 1564 年—公历 1642 年

意大利天文学家伽利略发明了人类历史上第一台天文望远镜，他用望远镜发现月球上布满环形山（p047），以及银河是由很多较暗的星星构成的集团。随后，他又发现了围绕木星运行的伽利略卫星（p090）。通过观测和研究，伽利略发现地心说是错误的，他开始转而坚持日心说。

第 **4** 章

恒星的世界

光年

Light-year

光年是指光在真空中沿直线传播一年所经过的距离，大约是 9 兆 4 600 亿千米（确切数字是 9 460 730 472 580.8 千米）。它是表示距离的单位，当天文单位不够用时，就会用光年表示。

1 光年到底有多远?

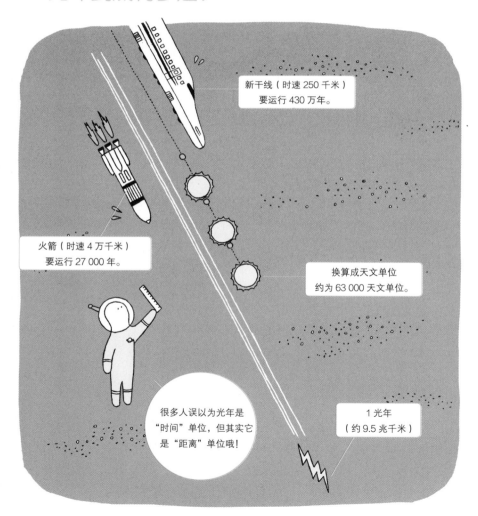

新干线（时速 250 千米）
要运行 430 万年。

火箭（时速 4 万千米）
要运行 27 000 年。

换算成天文单位
约为 63 000 天文单位。

很多人误以为光年是"时间"单位，但其实它是"距离"单位哦!

1 光年
（约 9.5 兆千米）

我们距离太阳系附近的其他星星有多少光年呢？

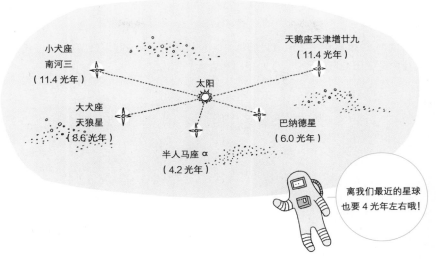

小犬座
南河三
（11.4 光年）

天鹅座天津增廿九
（11.4 光年）

太阳

大犬座
天狼星
（8.6 光年）

巴纳德星
（6.0 光年）

半人马座 α
（4.2 光年）

离我们最近的星球
也要 4 光年左右哦！

我们跟各种天体之间的距离

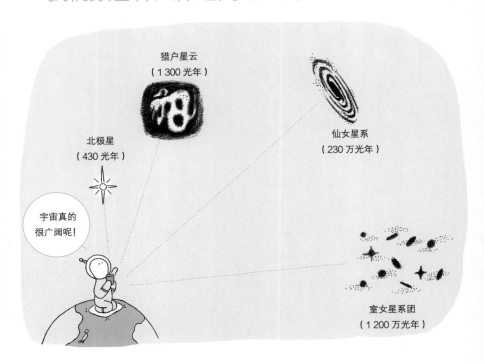

猎户星云
（1 300 光年）

仙女星系
（230 万光年）

北极星
（430 光年）

宇宙真的
很广阔呢！

室女星系团
（1 200 万光年）

半人马座 α

Alpha centauri

半人马座 α 是距太阳系最近的恒星，它其实是一个三星系统（p176）。三星中距太阳最近的是比邻星，距离约为 4.2 光年。

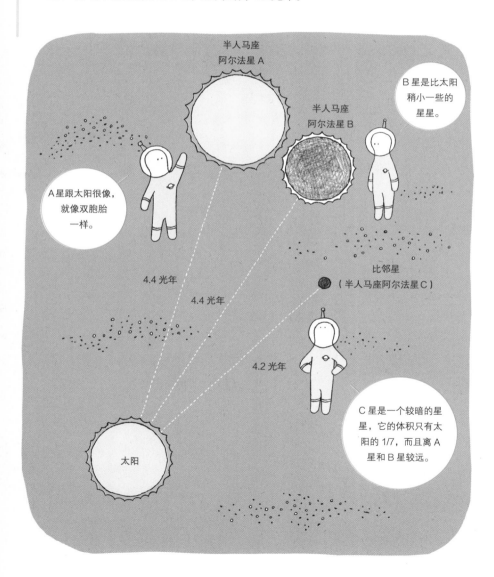

半人马座阿尔法星 A

B 星是比太阳稍小一些的星星。

半人马座阿尔法星 B

A 星跟太阳很像，就像双胞胎一样。

4.4 光年

4.4 光年

比邻星（半人马座阿尔法星 C）

4.2 光年

C 星是一个较暗的星星，它的体积只有太阳的 1/7，而且离 A 星和 B 星较远。

太阳

比邻星周围的行星上有海吗？

比邻星周围有一颗
跟地球差不多大小的行星，
而且上面可能有海哦！

突破摄星

Breakthrough Starshot

突破摄星是一个颇有想法的宇宙项目，它的目标是开发出邮票大小的超高速迷你探测器，然后将它们发射到半人马座 α 上。具体计划是让迷你探测器接收从地球发出的激光并加速到光速的 1/5，这样只需要 20 年就能飞到距地球约 4 光年的半人马座阿尔法星了。

邮票大小的迷你探测器将搭载超
小型摄像头，当它飞到半人马座
α 时，就可以将照片等数据传
回地球了。

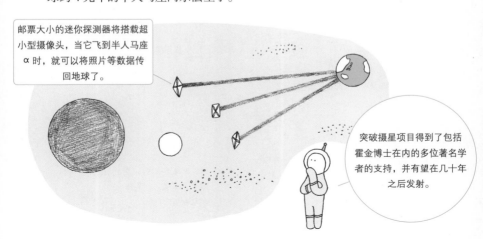

突破摄星项目得到了包括
霍金博士在内的多位著名学
者的支持，并有望在几十年
之后发射。

1等星

First magnitude star

恒星的亮度用等级表示。大约 2 200 年前，古希腊的天文学家依巴谷按照星星的亮度将它们分为 6 个等级，最亮的为 1 等，用肉眼勉强能看到的为 6 等。这就是恒星等级分类的起源。

最亮的星星是
1 等星。

勉强能看到的
是 6 等星。

依巴谷

有 0 等星和 –1 等星吗?

如今，恒星的等级划分是有严格规定的，比如 1 等星和 6 等星之间的实际亮度相差约 100 倍。除了 1 至 6 等星，现在还有 0 等星、–1 等星、7 等星和 8 等星等，有些等级甚至包含小数点。

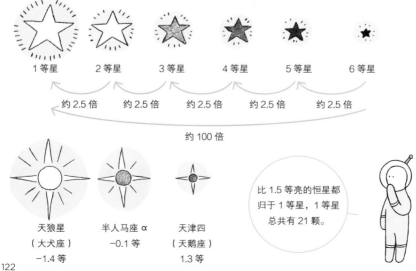

| 1 等星 | 2 等星 | 3 等星 | 4 等星 | 5 等星 | 6 等星 |

约 2.5 倍　　约 2.5 倍　　约 2.5 倍　　约 2.5 倍　　约 2.5 倍

约 100 倍

天狼星
（大犬座）
–1.4 等

半人马座 α
–0.1 等

天津四
（天鹅座）
1.3 等

比 1.5 等亮的恒星都
归于 1 等星，1 等星
总共有 21 颗。

太阳是几等星呢?

太阳并不是 1 等星, 而是 −26.7 等。

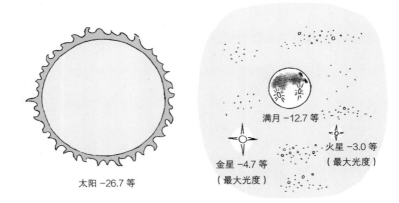

太阳 −26.7 等

满月 −12.7 等

金星 −4.7 等
(最大光度)

火星 −3.0 等
(最大光度)

绝对星等

Absolute magnitude

我们能观测到的星星的等级（视星等）, 表示的只是从地球观测到的"视亮度"。观测到的亮度跟距离有关, 即使两颗星星亮度完全相同, 近的看起来会亮一些, 远的看起来则暗一些。为了客观地衡量星星的等级, 我们假定把恒星放在距地球 32.6 光年（10 秒差距）的位置, 在这个位置上测得的亮度被称为绝对星等, 它是反映星星本身亮度的客观指标。

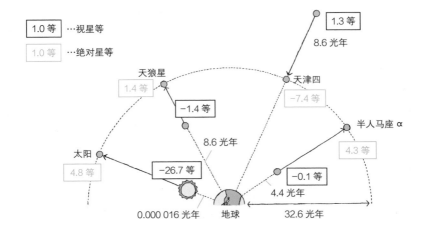

1.0 等 …视星等

1.0 等 …绝对星等

1.3 等
8.6 光年

天狼星
1.4 等
−1.4 等

天津四
−7.4 等

半人马座 α
4.3 等

8.6 光年

太阳
4.8 等
−26.7 等

−0.1 等
4.4 光年

0.000 016 光年

地球

32.6 光年

专属名称
Unique name

恒星有很多命名方法。比较亮的恒星基本都有来源于希腊神话和阿拉伯语的专属名称。

猎户座恒星的专属名称

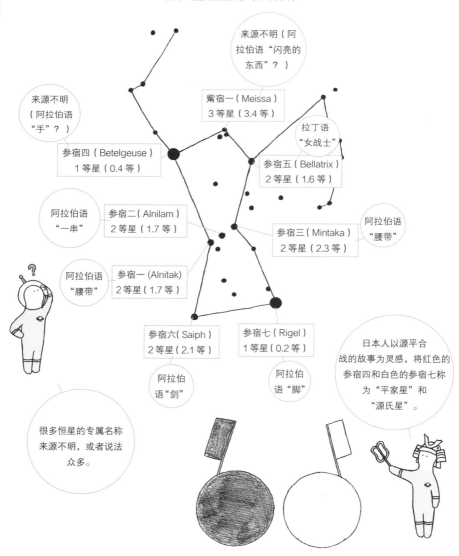

来源不明（阿拉伯语"闪亮的东西"？）

觜宿一（Meissa）
3等星（3.4等）

来源不明（阿拉伯语"手"？）

拉丁语"女战士"

参宿四（Betelgeuse）
1等星（0.4等）

参宿五（Bellatrix）
2等星（1.6等）

阿拉伯语"一串"

参宿二（Alnilam）
2等星（1.7等）

参宿三（Mintaka）
2等星（2.3等）

阿拉伯语"腰带"

阿拉伯语"腰带"

参宿一（Alnitak）
2等星（1.7等）

参宿六（Saiph）
2等星（2.1等）

参宿七（Rigel）
1等星（0.2等）

日本人以源平合战的故事为灵感，将红色的参宿四和白色的参宿七称为"平家星"和"源氏星"。

很多恒星的专属名称来源不明，或者说法众多。

阿拉伯语"剑"

阿拉伯语"脚"

拜尔命名法
Bayer designation

拜尔命名法是 17 世纪德国天文爱好者拜尔提出的恒星命名法。命名原则是以星座为单位，星座中最亮的恒星被称为 α，其余的恒星按亮度依次命名为 β、γ、δ……很多不太亮的恒星并没有专属名称，这时就要以拜尔星名来称呼它们。

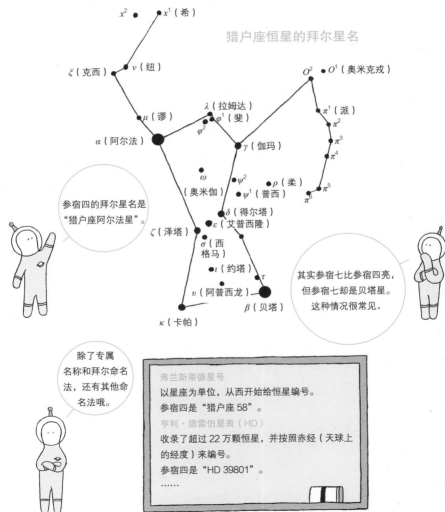

猎户座恒星的拜尔星名

x^2　x^1（希）

ξ（克西）　ν（纽）

O^2　O^1（奥米克戎）

λ（拉姆达）

μ（谬）　φ^1（斐）

φ^2

π^1（派）

π^2

π^3

π^4

α（阿尔法）

γ（伽玛）

π^5

π^6

ω
（奥米伽）

ψ^2

ρ（柔）

ψ^1（普西）

δ（得尔塔）

ζ（泽塔）　ε（艾普西隆）

σ（西格马）

ι（约塔）

υ（阿普西龙）　τ

β（贝塔）

κ（卡帕）

参宿四的拜尔星名是"猎户座阿尔法星"。

其实参宿七比参宿四亮，但参宿七却是贝塔星。这种情况很常见。

除了专属名称和拜尔命名法，还有其他命名法哦。

弗兰斯蒂德星号
以星座为单位，从西开始给恒星编号。
参宿四是"猎户座 58"。
亨利·德雷伯星表（HD）
收录了超过 22 万颗恒星，并按照赤经（天球上的经度）来编号。
参宿四是"HD 39801"。
……

天体的周日运动

Diurnal motion

天体的周日运动是指因地球自转使周围的天体都自东向西移动。周日运动的周期跟地球自转（p053）周期相同，都是 23 小时 56 分 4 秒。

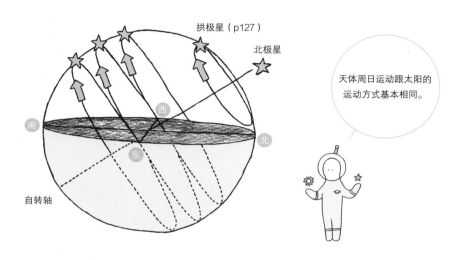

拱极星（p127）

北极星

西

南

北

东

自转轴

天体周日运动跟太阳的运动方式基本相同。

东→南→西方天空中天体的运动方式

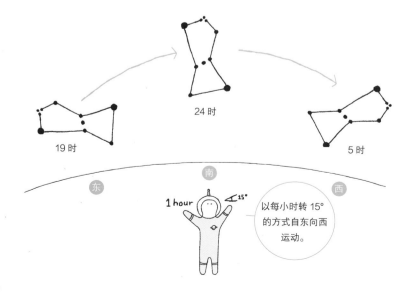

19 时

24 时

5 时

南

东

西

1 hour 15°

以每小时转 15° 的方式自东向西运动。

北方天空中天体的运动方式

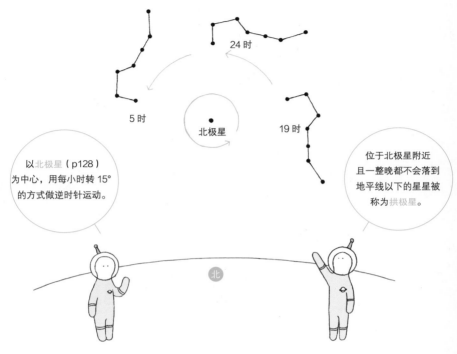

24 时

5 时

北极星

19 时

以北极星（p128）为中心，用每小时转 15° 的方式做逆时针运动。

位于北极星附近且一整晚都不会落到地平线以下的星星被称为拱极星。

北

天体在赤道、北极和南极是如何运动的？

在赤道上，星星会从东方的地平线垂直升起，然后从西方的地平线垂直落下。而在北极和南极，星星则是与地平线平行运行的。

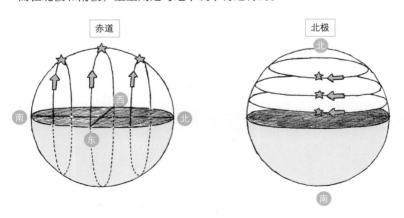

赤道

北极

西

南

北

东

北

南

北极星

Pole star / Polaris

北极星（或小熊座 α）是位于地球自转轴往北极方向的延长线和天球面的交点——北天极附近的星星。从地球上观察，北极星几乎一整晚不动，北方天空的其他星星会以它为中心做圆周运动。

怎样辨认北极星呢?

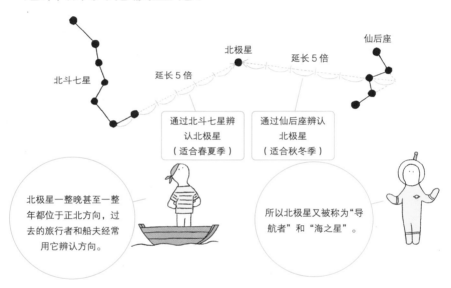

北斗七星　　　　延长 5 倍　　　　北极星　　　延长 5 倍　　　　仙后座

通过北斗七星辨认北极星（适合春夏季）

通过仙后座辨认北极星（适合秋冬季）

北极星一整晚甚至一整年都位于正北方向，过去的旅行者和船夫经常用它辨认方向。

所以北极星又被称为"导航者"和"海之星"。

北极星也在运动吗?

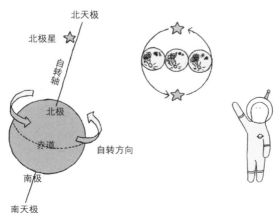

北天极

北极星

自转轴

北极

赤道

自转方向

南极

南天极

北极星不是正好在北天极上，而是在北天极附近沿着以 3 个满月为直径的圆做圆周运动。

1万2 000年后，"织女星"会变成北极星吗？

地球的自转轴因重力作用而摇摆，它会以2万6 000年的周期扫掠出一个圆锥形，这一运动被称为岁差运动。地球自转轴的方向改变后，北天极会跟着改变，这样担当北极星的星星也会改变。

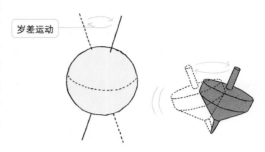

岁差运动

北极星的变化

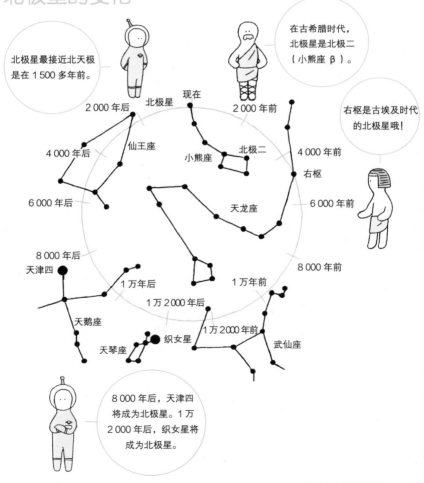

北极星最接近北天极是在1 500多年前。

在古希腊时代，北极星是北极二（小熊座β）。

右枢是古埃及时代的北极星哦！

2 000年后
北极星
现在
4 000年后
2 000年前
6 000年后
仙王座
小熊座
北极二
4 000年前
右枢
8 000年后
天龙座
6 000年前
天津四
1万年后
8 000年前
1万2 000年后
1万年前
天鹅座
1万2 000年后
1万2 000年前
织女星
天琴座
武仙座

8 000年后，天津四将成为北极星。1万2 000年后，织女星将成为北极星。

天体的周年运动

Annual motion

天体的周年运动是指因地球公转，同一时刻观测到的天体以每晚转 1° 的方式向西运动。各个季节能观测到不同的星座，就是由周年运动引起的。

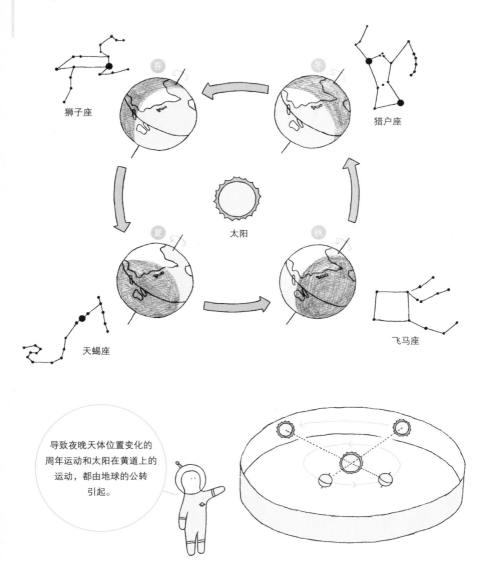

狮子座

冬

猎户座

太阳

夏

秋

天蝎座

飞马座

导致夜晚天体位置变化的周年运动和太阳在黄道上的运动，都由地球的公转引起。

黄道十二星座

12 ecliptical constellations

黄道十二星座是指黄道（p056）经过的 12 个星座。常用于星座占卜，比如"是○○座的""出生时，太阳在哪个星座附近（在黄道上的哪个位置）"。星座时间是指太阳靠近某个星座的时间，所以想在夜空观测到某一星座，就要向后推半年左右。

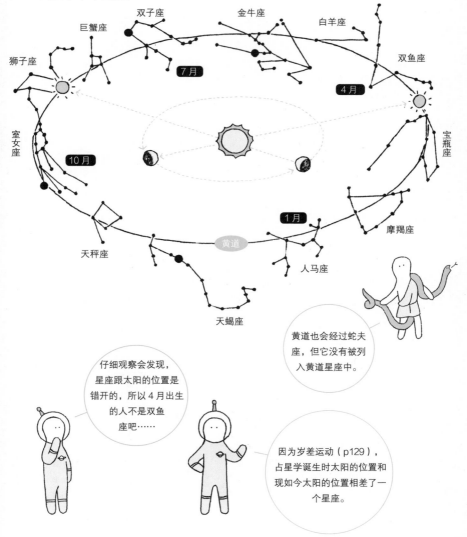

双子座　金牛座　白羊座

巨蟹座

狮子座　　　　　　　　　　　　　双鱼座

7月

4月

室女座　　　　　　　　　　　　　　宝瓶座

10月

1月

天秤座

人马座

摩羯座

天蝎座

黄道

黄道也会经过蛇夫座，但它没有被列入黄道星座中。

仔细观察会发现，星座跟太阳的位置是错开的，所以 4 月出生的人不是双鱼座吧……

因为岁差运动（p129），占星学诞生时太阳的位置和现如今太阳的位置相差了一个星座。

星座
Constellation

距今约 4 000 多年前，美索不达米亚（现在的伊拉克）人仰望夜空，将排列在一起的明亮星星想象成了动物和传说中的英雄或神。后来，这种习俗传到了古希腊，并与希腊神话和传说结合起来，最终演化成了现在的星座。

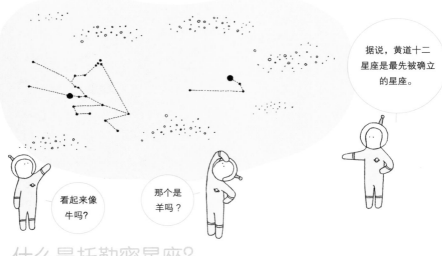

据说，黄道十二星座是最先被确立的星座。

看起来像牛吗？

那个是羊吗？

什么是托勒密星座？

1 900 多年前，古罗马时期的天文学家托勒密（p066）将各地的星座整理成了 48 个星座。这些星座被称为托勒密星座，最后演变成了现在的北天星座。

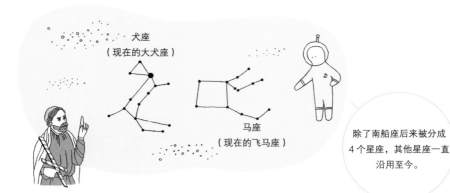

犬座
（现在的大犬座）

马座
（现在的飞马座）

除了南船座后来被分成 4 个星座，其他星座一直沿用至今。

南天星座是怎样确立的?

距今 500 多年前,也就是所谓的"大航海时代",欧洲人乘船来到南半球,然后将南方天空的星星也描绘成了星座。

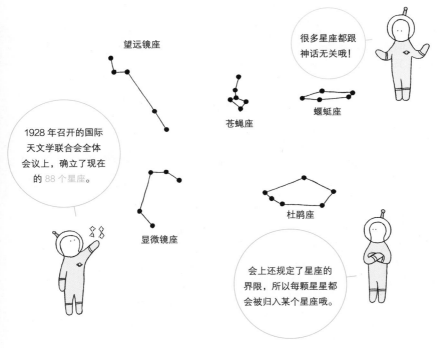

望远镜座

很多星座都跟神话无关哦!

苍蝇座

蝘蜓座

1928 年召开的国际天文学联合会全体会议上,确立了现在的 88 个星座。

显微镜座

杜鹃座

会上还规定了星座的界限,所以每颗星星都会被归入某个星座哦。

构成星座的星星之间的距离很远吗?

构成星座的星星看起来距离很近,但这只是从地球的观感,其实它们之间相距甚远。

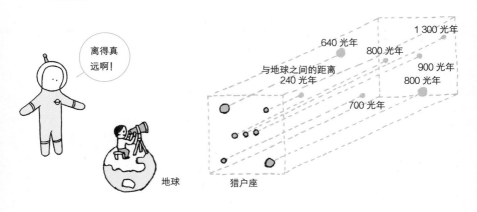

离得真远啊!

地球

1 300 光年

640 光年

800 光年

与地球之间的距离 240 光年

900 光年

800 光年

700 光年

猎户座

春季大弧线

Spring large curve

春季的夜空上可以看到勺子形的北斗七星。将构成"勺子柄"的 4 颗星星连成一条曲线，就能在其延长线上找到散发着橙色光芒的牧夫座 1 等星大角星。继续延长这条曲线，还能找到白色的室女座 1 等星角宿一。这条曲线被称为春季大弧线。

春季的代表星座

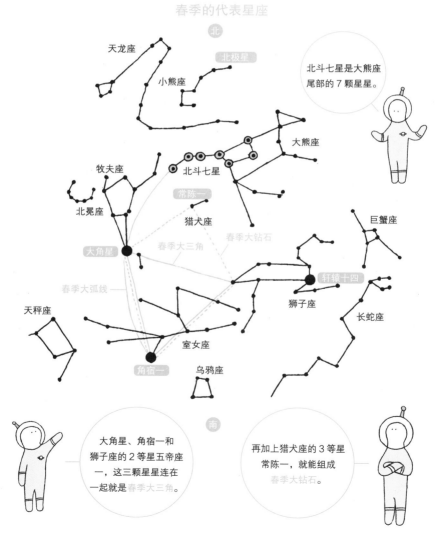

北斗七星是大熊座尾部的 7 颗星星。

大角星、角宿一和狮子座的 2 等星五帝座一，这三颗星星连在一起就是春季大三角。

再加上猎犬座的 3 等星常陈一，就能组成春季大钻石。

夏季大三角

Summer triangle

梅雨过后，在晚上 21 时仰望东方的天空，能看到由 3 颗明亮 1 等星组成的三角形。这个由天琴座的织女星、天鹰座的牛郎星和天鹅座的天津四组成的三角形被称为夏日大三角，就连灯火通明的城市都能观测到。

夏季的代表星座

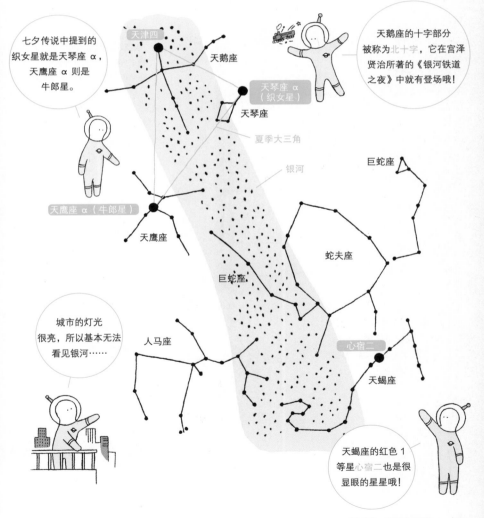

七夕传说中提到的织女星就是天琴座 α，天鹰座 α 则是牛郎星。

天鹅座的十字部分被称为北十字，它在宫泽贤治所著的《银河铁道之夜》中就有登场哦！

天津四

天鹅座

天琴座 α（织女星）

天琴座

夏季大三角

银河

巨蛇座

天鹰座 α（牛郎星）

天鹰座

蛇夫座

巨蛇座

城市的灯光很亮，所以基本无法看见银河……

人马座

心宿二

天蝎座

天蝎座的红色 1 等星心宿二也是很显眼的星星哦！

秋季四边形

Great square of pegasus

秋季的夜空中没有多少明亮的星星，看起来很冷清。其中比较显眼的是由 4
颗闪亮星星组成的巨大四边形，它被称为秋季四边形（或飞马座四边形）。
这个四边形位于飞马座的躯干部分。

秋季的代表星座

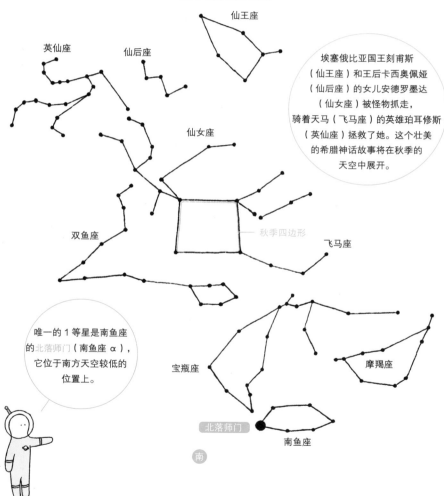

仙王座

英仙座

仙后座

仙女座

埃塞俄比亚国王刻甫斯
（仙王座）和王后卡西奥佩娅
（仙后座）的女儿安德罗墨达
（仙女座）被怪物抓走，
骑着天马（飞马座）的英雄珀耳修斯
（英仙座）拯救了她。这个壮美
的希腊神话故事将在秋季的
天空中展开。

双鱼座

—— 秋季四边形

飞马座

唯一的 1 等星是南鱼座
的北落师门（南鱼座 α），
它位于南方天空较低的
位置上。

宝瓶座

摩羯座

北落师门

南鱼座

南

冬季大钻石

Winter hexagon

冬季的夜空是一年中最华丽的。猎户座的参宿四、大犬座的天狼星和小犬座的南河三，这3颗1等星组成的正三角形被称为冬季大三角。除此之外，冬季天空还有由6个1等星组成的冬季大钻石（冬季六边形）。

冬季的代表星座

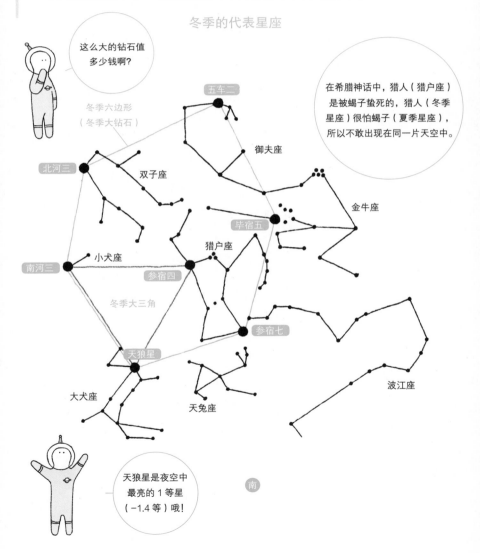

这么大的钻石值多少钱啊？

在希腊神话中，猎人（猎户座）是被蝎子蛰死的，猎人（冬季星座）很怕蝎子（夏季星座），所以不敢出现在同一片天空中。

冬季六边形
（冬季大钻石）

五车二

御夫座

北河三

双子座

金牛座

毕宿五

猎户座

南河三

小犬座

参宿四

冬季大三角

参宿七

天狼星

大犬座

天兔座

波江座

南

天狼星是夜空中最亮的1等星（-1.4等）哦！

南十字星
Southern Cross

在日本，只能观测到某些南天星座（从南半球看到的星座）的一部分，或者完全观测不到。著名的南十字星（南十字座）和距太阳系最近的恒星——半人马座 α，在冲绳等日本南部地区能观测到。

南半球的星座

真想看看南十字星啊！

苍蝇座原本叫蜜蜂座，还是原来的名字比较好听啊……

半人马座
半人马座 α
南十字座
船帆座
圆规座
苍蝇座
船底座
矩尺座
南三角座
蝘蜓座
天坛座
天燕座
飞鱼座
绘架座
望远镜座
孔雀座
山案座
剑鱼座
南极座
网罟座
雕具座
水蛇座
时钟座
印第安座
杜鹃座
波江座
显微镜座
天鹤座
凤凰座
天炉座
玉夫座
南天极

望远镜座和显微镜座等是以工具命名的星座，听起来很有趣呢！

杜鹃座中的杜鹃其实是栖息在美洲中南部的鸟——巨嘴鸟。

星宿

Chinese constellation

星宿是古代中国人划分出的星座。星宿以代表皇帝的星星——帝星（北极星）为中心，距离它越远的星座代表的身份就越低。

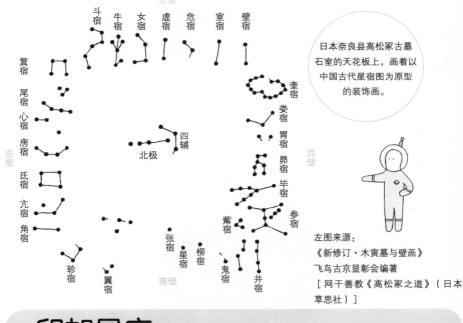

北壁

斗宿　牛宿　女宿　虚宿　危宿　室宿　壁宿

箕宿　尾宿　心宿　房宿　氐宿　亢宿　角宿

东壁

四辅
北极
奎宿
娄宿
胃宿
昴宿
毕宿
觜宿
参宿

西壁

张宿　柳宿　星宿　鬼宿　井宿

轸宿　翼宿

南壁

日本奈良县高松冢古墓石室的天花板上，画着以中国古代星宿图为原型的装饰画。

左图来源：
《新修订·木寅墓与壁画》
飞鸟古京显彰会编著
[网干善教《高松冢之道》（日本草思社）]

印加星座

Dark constellation of the Incas

古印加人仰望星空时，没有用闪亮的星星组成星座，而是将没有星星闪耀的暗区看成各种动物，然后用它们构成星座。

暗区其实就是暗星云（p142）哦！

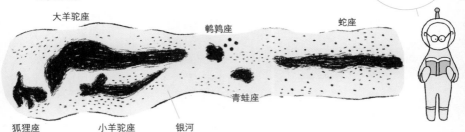

大羊驼座　　鹌鹑座　　蛇座

狐狸座　　小羊驼座　　银河　　青蛙座

星际介质

Interstellar medium

人们常说"宇宙空间是真空的",但实际上宇宙并不是完全真空,其中存在着气体(氢气等)和尘埃(碳或硅等)。这些物质被称为星际介质。

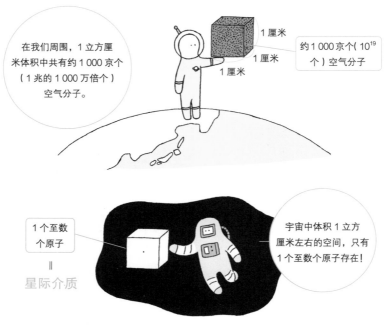

在我们周围,1立方厘米体积中共有约1000京个(1兆的1000万倍个)空气分子。

1厘米
1厘米
1厘米

约1000京个(10^{19}个)空气分子

1个至数个原子
＝
星际介质

宇宙中体积1立方厘米左右的空间,只有1个至数个原子存在!

星际介质的构成

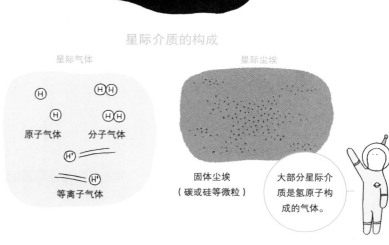

星际气体

H H H
原子气体   分子气体

H H H

H^+

H^+
等离子气体

星际尘埃

固体尘埃
(碳或硅等微粒)

大部分星际介质是氢原子构成的气体。

星际云

interstellar cloud

星际介质聚集到一起，形成像云一样的物质，被称为星际云。星际云会反射周围星星的光芒，或是遮挡背后星星的光芒，所以能被我们观测到，这些被观测到的星际云被称为星云（p026）。

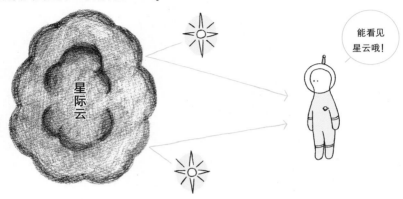

能看见星云哦!

星际云

梅西叶天体

Messier object

梅西叶天体是指法国天文学家梅西叶编著的《星云星团表》中列出的天体，并用梅西叶的名字的首字母 M 来编号，比如 M1、M2 等，一直编到 M110（一部分缺失）。

其中很多天体都可以用初级的小型望远镜观测到哦!

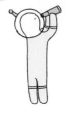

M42
猎户星云

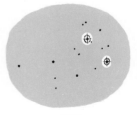

M45
昴星团

暗星云

Dark nebula

星云根据形状和颜色等被分为几种。暗星云是会遮挡背后星光的星际云，看起来呈黑色。

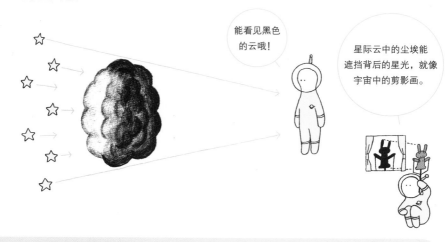

能看见黑色的云哦！

星际云中的尘埃能遮挡背后的星光，就像宇宙中的剪影画。

马头星云

Horsehead Nebula

马头星云是位于猎户座的著名暗星云。从地球看去，它的形状像马头一样。

马头星云挡住了背后发射星云（p144）发出的光。

煤袋星云

Coalsack

煤袋是指位于南十字座附近的著名暗星云。它挡住了银河的光芒，看起来像一个黑色的洞穴。

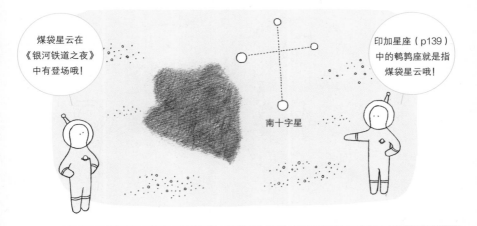

煤袋星云在《银河铁道之夜》中有登场哦！

印加星座（p139）中的鹌鹑座就是指煤袋星云哦！

南十字星

创生之柱

Pillars of Creation

创生之柱是指位于巨蛇座鹰状星云（M16）中心的暗星云。哈勃空间望远镜（p297）曾于 1995 年拍下它绚丽的样子并引起热议。

星云是"星星的摇篮"（p026），创生之柱也像它的名字一样，正在孕育新的星星。

发射星云

Emission nebula

发射星云是指自己会发光的星云。发射星云内部的星光，或者由超新星（p022）爆发使周围星际云升温、电离（原子分离成原子核和电子）产生的光，使得我们可以观测到它。

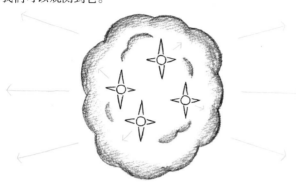

发射星云大多是红色的。

反射星云

Reflection nebula

反射星云是反射周围星光的星云。
反射星云中的尘埃能反射星光，所以看起来是亮的。

发射星云和反射星云虽然被统称为弥漫星云，但是弥漫星云并没有特别明确的定义。

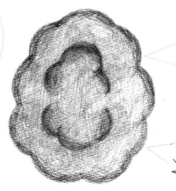

反射星云的颜色要视它反射的星光颜色而定。

猎户星云
Orion Nebula

猎户星云（M42）是位于猎户座中央三星附近的大型发射星云。它是一个肉眼可见的明亮星云。

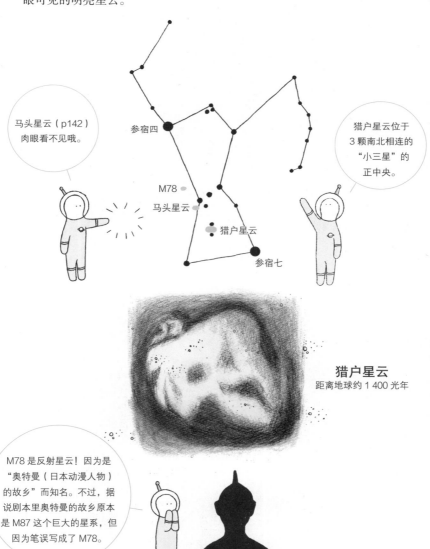

马头星云（p142）肉眼看不见哦。

猎户星云位于3颗南北相连的"小三星"的正中央。

参宿四

M78

马头星云

猎户星云

参宿七

猎户星云
距离地球约 1 400 光年

M78 是反射星云！因为是"奥特曼（日本动漫人物）的故乡"而知名。不过，据说剧本里奥特曼的故乡原本是 M87 这个巨大的星系，但因为笔误写成了 M78。

分子云

Molecular cloud

分子云是主要由氢分子构成的星际云。当星际云的密度大到一定程度时，氢元素就不再以原子的形式存在，而是以分子（H_2）的形式存在，这种星际云被称为分子云。

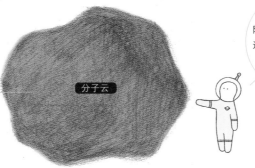

除了氢分子，分子云里还有少许一氧化碳和水分子等。

1 立方厘米左右存在 100～1 000 个氢分子。

分子云

分子云核

Molecular cloud core

分子云中某些部分的密度会因某种原因而增加至原来的 100 倍以上，这部分被称为**分子云核**（p061）。科学家们认为，分子云核是太阳等恒星诞生的直接"母体"。

分子云核

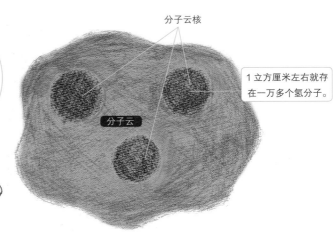

像分子云和分子云核这种密度很高的天体，内部的尘埃会挡住背后的星光，所以它们是暗星云。

1 立方厘米左右就存在一万多个氢分子。

分子云

原恒星

Protostar

分子云核不断收缩，密度和温度一起升高，中心部分会形成高温团块，这个高温团块就是恒星的幼体，也就是原恒星（太阳的幼体被称为原太阳 → p060）。原恒星隐藏在分子云核浓厚的气体中，无法观测到。但我们可以观测到气体因为温度升高而产生的红外线。

收缩

收缩

分子云核
温度 10 开尔文

※ 开尔文（K）是绝对温度单位。
0K=−273.15℃（273.15K=0℃）

真正的原恒星
隐藏在气体中哦！

原恒星
温度 1 000 开尔文

原恒星会不断吸收周围的物质来增加自己的质量，同时会将多余的物质喷射出去。

金牛 T 型星

T Tauri star

金牛 T 型星比原恒星年长一些，是处于成长阶段的恒星。它还没发展到核聚变这一步，所以充其量算是"未成年的恒星"。金牛 T 型星会因高温而发光，我们可以借此观测到它。

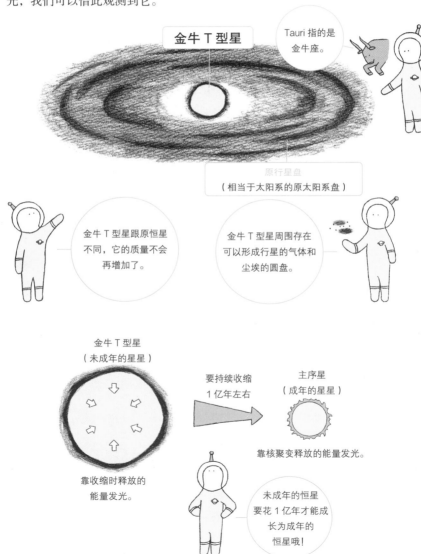

金牛 T 型星

Tauri 指的是金牛座。

原行星盘
（相当于太阳系的原太阳系盘）

金牛 T 型星跟原恒星不同，它的质量不会再增加了。

金牛 T 型星周围存在可以形成行星的气体和尘埃的圆盘。

金牛 T 型星
（未成年的星星）

要持续收缩
1 亿年左右

主序星
（成年的星星）

靠核聚变释放的能量发光。

靠收缩时释放的能量发光。

未成年的恒星要花 1 亿年才能成长为成年的恒星哦！

褐矮星

Brown dwarf

如果原恒星没有获得足够的质量，它的中心就达不到引发核聚变的温度，最后只能变成释放红外线的天体。这种"没能成为恒星"的星星被称为褐矮星，质量不足太阳质量 8% 的星星就会成为褐矮星。

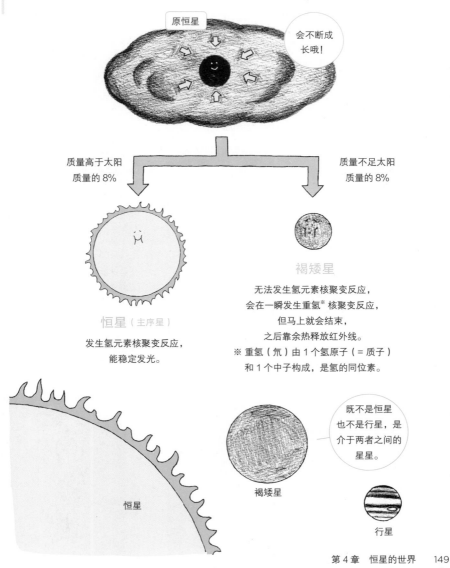

原恒星

会不断成长哦！

质量高于太阳质量的 8%

质量不足太阳质量的 8%

褐矮星

无法发生氢元素核聚变反应，
会在一瞬发生重氢※核聚变反应，
但马上就会结束，
之后靠余热释放红外线。

※ 重氢（氘）由 1 个氢原子（= 质子）
和 1 个中子构成，是氢的同位素。

恒星（主序星）

发生氢元素核聚变反应，
能稳定发光。

既不是恒星
也不是行星，是
介于两者之间的
星星。

恒星

褐矮星

行星

主序星

Main sequence star

主序星是可以进行核聚变并稳定发光的"成年星星"。大多数在夜空中闪耀的星星都是主序星，太阳当然也是主序星。

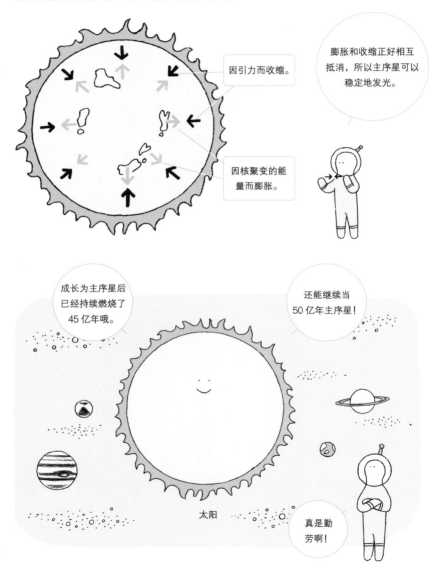

因引力而收缩。

膨胀和收缩正好相互抵消，所以主序星可以稳定地发光。

因核聚变的能量而膨胀。

成长为主序星后已经持续燃烧了45亿年哦。

还能继续当50亿年主序星！

太阳

真是勤劳啊！

疏散星团

Open cluster

疏散星团是由几十颗到几百颗比较年轻的恒星组成的星团（p027）。从同一个分子云中诞生的恒星们聚集在一个区域内，这个区域就是疏散星团。

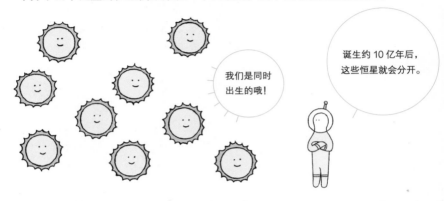

我们是同时出生的哦！

诞生约 10 亿年后，这些恒星就会分开。

昴星团

Pleiades

昴星团（M45）是位于金牛座的著名疏散星团。它是刚刚诞生 6 000 万年至 1 亿年的年轻恒星集团。

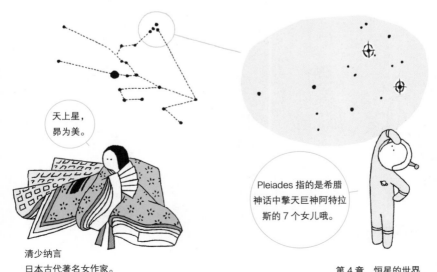

天上星，昴为美。

Pleiades 指的是希腊神话中擎天巨神阿特拉斯的 7 个女儿哦。

清少纳言
日本古代著名女作家。

光谱型

Spectral type

恒星可以根据表面温度分类，按照由高到低的顺序，依次分为 O 型、B 型、A 型、F 型、G 型、K 型、M 型。这就是恒星的 光谱型。

另外，不同温度的恒星颜色也有所不同。温度高的恒星呈蓝白色，温度低的恒星则发红。太阳是 G 型星，如果它出现在夜空中应该是黄色的。

冬季夜空的星星和光谱型

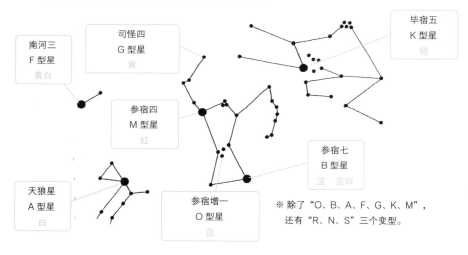

南河三
F 型星
黄白

司怪四
G 型星
黄

毕宿五
K 型星
橙

参宿四
M 型星
红

参宿七
B 型星
蓝～蓝白

天狼星
A 型星
白

参宿增一
O 型星
蓝

※ 除了 "O、B、A、F、G、K、M"，还有 "R、N、S" 三个变型。

记忆光谱型的口诀

Oh,
Be A Fine
Girl,
Kiss Me!

"啊！
乖女孩，吻我！"

OBAFuGuKaMu。
"老奶奶吃河豚。"

※ "OBAFuGuKaMu" 是日语的口诀。

光谱型可以体现恒星的质量吗？

主序星表面温度越高，质量就越大。比如 O 型星的质量就比太阳（G 型星）质量大几十倍，而 M 型星的质量只有太阳质量的 1/5。

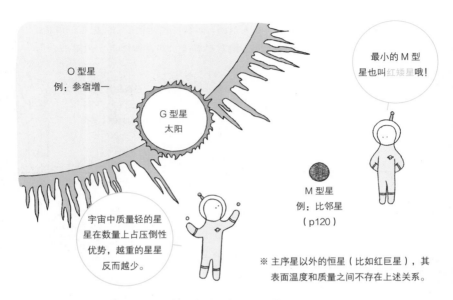

O 型星
例：参宿增一

G 型星
太阳

最小的 M 型星也叫红矮星哦！

宇宙中质量轻的星星在数量上占压倒性优势，越重的星星反而越少。

M 型星
例：比邻星
（p120）

※ 主序星以外的恒星（比如红巨星），其表面温度和质量之间不存在上述关系。

质量大的恒星寿命很短吗？

恒星的质量越大，含有的氢就越多，氢是核聚变的"燃料"，所以很多人以为质量大的恒星寿命会很长。其实，恒星的质量越大引力就越强，中心的温度也就越高，导致核聚变反应更剧烈并消耗大量氢，这样一来，恒星的寿命反而会变短。

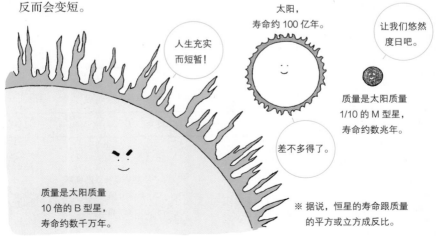

太阳，
寿命约 100 亿年。

人生充实而短暂！

让我们悠然度日吧。

质量是太阳质量 1/10 的 M 型星，寿命约数兆年。

差不多得了。

质量是太阳质量 10 倍的 B 型星，寿命约数千万年。

※ 据说，恒星的寿命跟质量的平方或立方成反比。

赫罗图

Hertzsprung–Russell diagram

赫罗图是恒星光谱型和光度之间的关系图，横轴代表光谱型（或恒星的颜色、温度），纵轴代表恒星本来的亮度（绝对星等）。在赫罗图上，恒星被分为几个组。

绝对星等是指恒星本来的亮度（p123）。

赫茨普龙（Hertzsprung）和罗素（Russell）是提出赫罗图的两位天文学家。

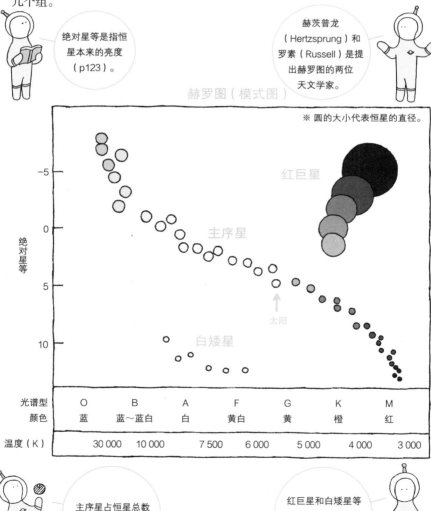

赫罗图（模式图）

※ 圆的大小代表恒星的直径。

红巨星

主序星

白矮星

太阳

光谱型	O	B	A	F	G	K	M
颜色	蓝	蓝~蓝白	白	黄白	黄	橙	红
温度（K）		30 000	10 000	7 500	6 000	5 000	4 000	3 000

主序星占恒星总数的90%左右。

红巨星和白矮星等其他几组，后面会向大家详细介绍。

154

用赫罗图计算地球跟其他恒星之间的距离

地球到银河系内恒星的距离，按照以下方法通过赫罗图就可以计算出来（只适用于主序星）。

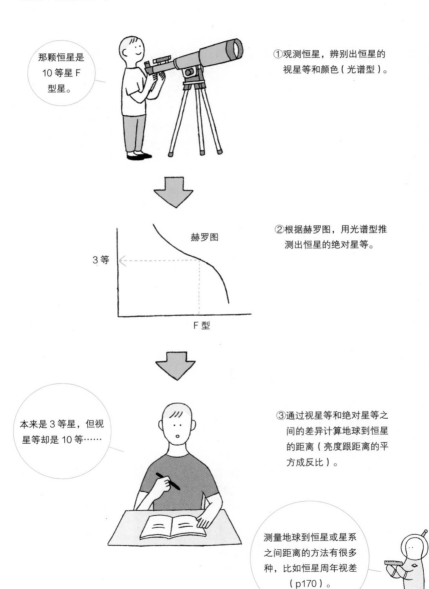

那颗恒星是10等星F型星。

①观测恒星，辨别出恒星的视星等和颜色（光谱型）。

赫罗图

3等

F型

②根据赫罗图，用光谱型推测出恒星的绝对星等。

本来是3等星，但视星等却是10等……

③通过视星等和绝对星等之间的差异计算地球到恒星的距离（亮度跟距离的平方成反比）。

测量地球到恒星或星系之间距离的方法有很多种，比如恒星周年视差（p170）。

红巨星

Red giant

红巨星是进入老年期的恒星。当主序星的氢消耗得差不多时，恒星中心会积累很多核聚变产生的氦，这时剩余的氢会剧烈反应并产生大量的热，导致恒星不断变大。恒星变大后表面温度会降低，看起来呈红色，所以被称为红巨星。

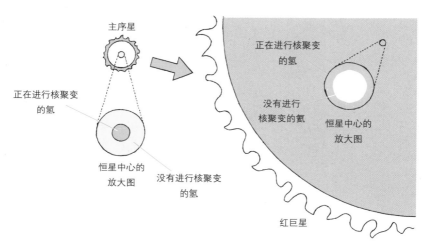

主序星

正在进行核聚变的氢

正在进行核聚变的氢

没有进行核聚变的氦

恒星中心的放大图

恒星中心的放大图

没有进行核聚变的氢

红巨星

太阳什么时候变成红巨星呢？

未来 50 亿年，太阳都会继续作为主序星稳定地燃烧，预计之后它会膨胀并变成红巨星。届时，水星和金星将被巨大化的太阳吞噬。

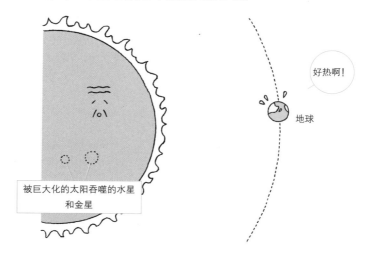

好热啊！

地球

被巨大化的太阳吞噬的水星和金星

盾牌座 UY 星

UY Scuti

比红巨星更大的恒星被称为红超巨星。盾牌座 UY 星是位于盾牌座的红超巨星。据推测，盾牌座 UY 星的直径约为太阳的 1 700 倍，它是目前所知最大（直径）的恒星。

代表性红巨星、红超巨星的大小对比

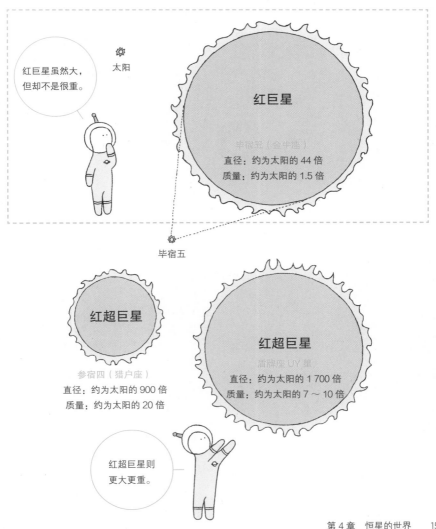

太阳

红巨星虽然大，但却不是很重。

红巨星

毕宿五（金牛座）
直径：约为太阳的 44 倍
质量：约为太阳的 1.5 倍

毕宿五

红超巨星

参宿四（猎户座）
直径：约为太阳的 900 倍
质量：约为太阳的 20 倍

红超巨星

盾牌座 UY 星
直径：约为太阳的 1 700 倍
质量：约为太阳的 7 ～ 10 倍

红超巨星则更大更重。

AGB 星

Asymptotic giant branch star

恒星的质量不同，最后阶段的形态也有所不同。像太阳这样的恒星（质量不超过太阳 8 倍的恒星），变成红巨星后会收缩一次，然后再次变大。这时的恒星被称为 AGB 星（渐近巨星支星），它展现了像太阳这样的恒星最后的状态。

太阳从老年迈向死亡 ①

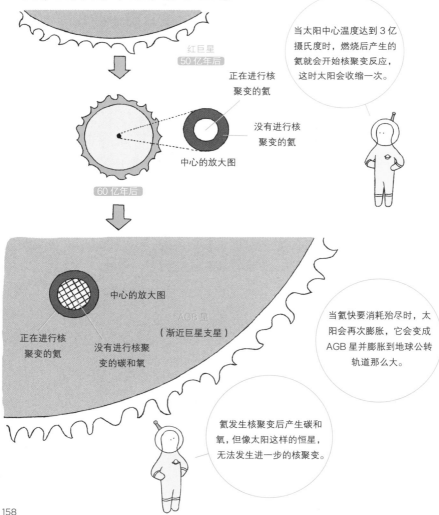

红巨星
50 亿年后

当太阳中心温度达到 3 亿摄氏度时，燃烧后产生的氦就会开始核聚变反应，这时太阳会收缩一次。

正在进行核聚变的氦

没有进行核聚变的氦

中心的放大图

60 亿年后

中心的放大图

AGB 星
（渐近巨星支星）

正在进行核聚变的氦

没有进行核聚变的碳和氧

当氦快要消耗殆尽时，太阳会再次膨胀，它会变成 AGB 星并膨胀到地球公转轨道那么大。

氦发生核聚变后产生碳和氧，但像太阳这样的恒星，无法发生进一步的核聚变。

白矮星

White dwarf

AGB 星会在不断膨胀和收缩的过程中，释放大量气体并露出中心部分。中心部分因自身重力继续收缩，最后会变成一个跟地球大小差不多的白色高温天体，这个天体就是白矮星。

太阳从老年迈向死亡②

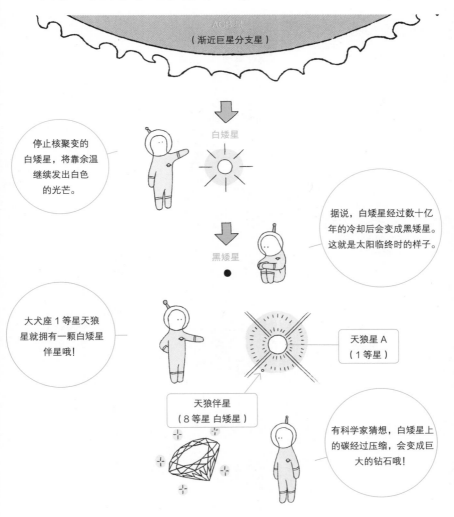

AGB星
（渐近巨星分支星）

白矮星

停止核聚变的白矮星，将靠余温继续发出白色的光芒。

据说，白矮星经过数十亿年的冷却后会变成黑矮星。这就是太阳临终时的样子。

黑矮星

大犬座 1 等星天狼星就拥有一颗白矮星伴星哦！

天狼星 A
（1 等星）

天狼伴星
（8 等星 白矮星）

有科学家猜想，白矮星上的碳经过压缩，会变成巨大的钻石哦！

行星状星云

Planetary nebula

红巨星和 AGB 星会向周围释放大量气体。这些气体因受到中心星（白矮星的前一阶段）紫外线的照射，而变为五颜六色的闪光物质，被称为行星状星云。这是恒星临终时展现给世人的梦幻景象。

各种各样的行星状星云

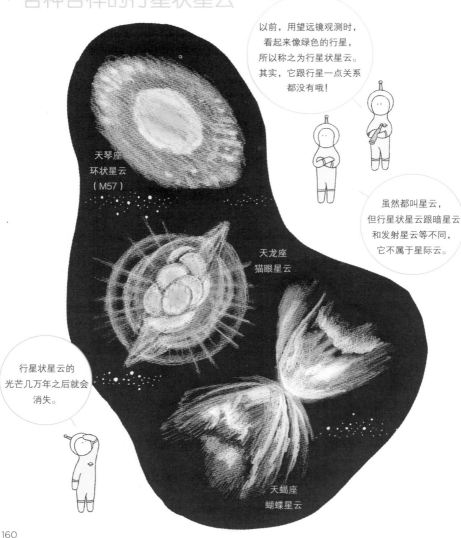

以前，用望远镜观测时，看起来像绿色的行星，所以称之为行星状星云。其实，它跟行星一点关系都没有哦！

虽然都叫星云，但行星状星云跟暗星云和发射星云等不同，它不属于星际云。

天琴座
环状星云
（M57）

天龙座
猫眼星云

行星状星云的光芒几万年之后就会消失。

天蝎座
蝴蝶星云

新星

Nova

白矮星表面发生爆炸，短时间内发出平时数百倍乃至数百万倍的光芒，这种现象被称为新星。新星并不是指新的星星诞生。另外，它也不会像超新星（p022）那样整颗星星一起消散，只是在表面发生的爆炸。

新星（新星爆发）产生的原理

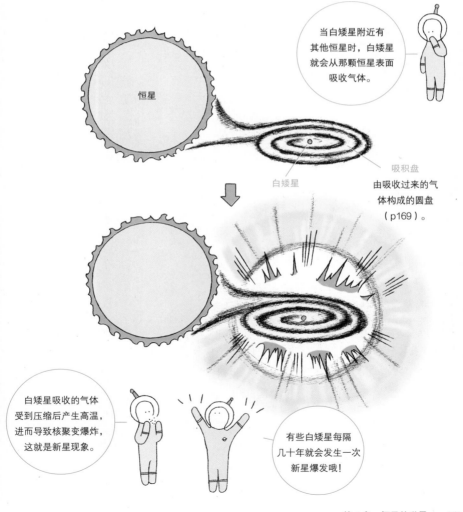

恒星

当白矮星附近有其他恒星时，白矮星就会从那颗恒星表面吸收气体。

白矮星

吸积盘

由吸收过来的气体构成的圆盘（p169）。

白矮星吸收的气体受到压缩后产生高温，进而导致核聚变爆炸，这就是新星现象。

有些白矮星每隔几十年就会发生一次新星爆发哦！

引力坍缩

Gravitational collapse

引力坍缩是指年迈的恒星在自身引力的作用下塌陷的现象。质量超过太阳 8 倍的恒星，最后会因引力坍缩而整个消散，这种现象叫超新星（p022）。

恒星的质量将决定它老年的状态

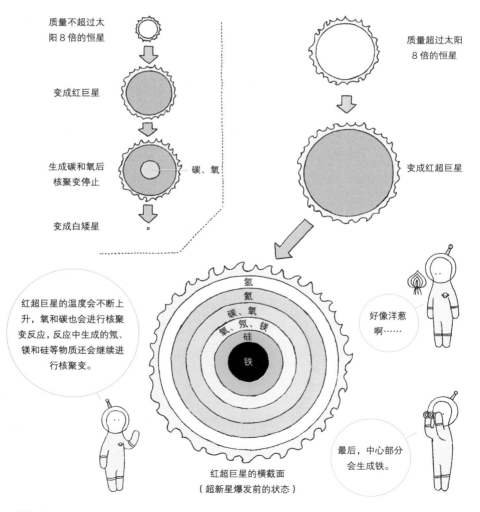

质量不超过太阳 8 倍的恒星

变成红巨星

生成碳和氧后核聚变停止 —— 碳、氧

变成白矮星

质量超过太阳 8 倍的恒星

变成红超巨星

红超巨星的温度会不断上升，氧和碳也会进行核聚变反应，反应中生成的氖、镁和硅等物质还会继续进行核聚变。

氢
氦
碳、氧
氧、氖、镁
硅
铁

好像洋葱啊……

最后，中心部分会生成铁。

红超巨星的横截面
（超新星爆发前的状态）

生成由铁元素构成的中心核后会发生什么呢?

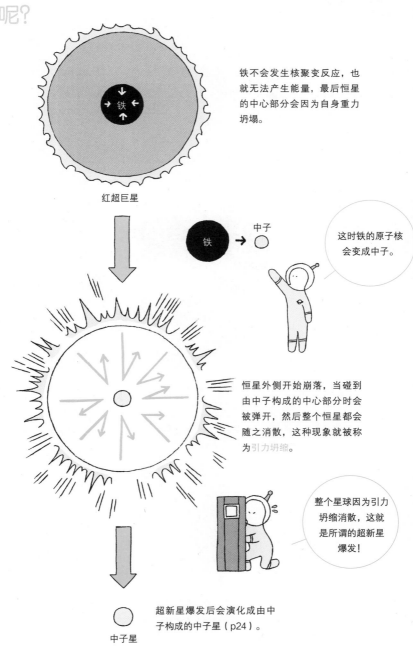

红超巨星

铁不会发生核聚变反应,也就无法产生能量,最后恒星的中心部分会因为自身重力坍塌。

铁 → 中子

这时铁的原子核会变成中子。

恒星外侧开始崩落,当碰到由中子构成的中心部分时会被弹开,然后整个恒星都会随之消散,这种现象就被称为引力坍缩。

整个星球因为引力坍缩消散,这就是所谓的超新星爆发!

中子星

超新星爆发后会演化成由中子构成的中子星(p24)。

参宿四

Betelgeuse

猎户座 1 等星 参宿四 是一颗巨大的红超巨星，它的直径是太阳的 900 倍（众说纷纭）。参宿四处于最末期阶段，用天文学的标尺衡量，它属于"很快"就要发生超新星爆发的恒星。

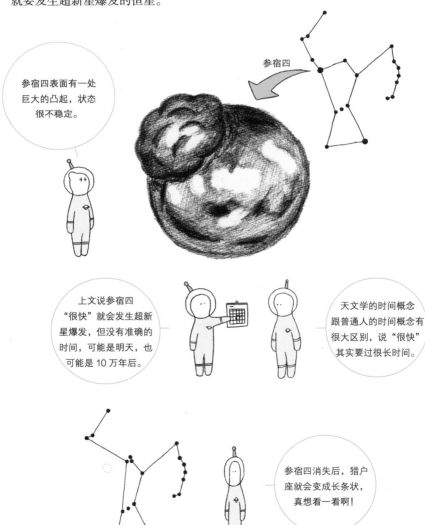

参宿四表面有一处巨大的凸起，状态很不稳定。

参宿四

上文说参宿四"很快"就会发生超新星爆发，但没有准确的时间，可能是明天，也可能是 10 万年后。

天文学的时间概念跟普通人的时间概念有很大区别，说"很快"其实要过很长时间。

参宿四消失后，猎户座就会变成长条状，真想看一看啊！

超新星遗迹

Supernova remnant

超新星遗迹是指恒星发生超新星爆发后形成的天体。超新星爆发时气体以很高的速度喷射出去，与星际介质相撞并产生高温，进而迸发出美丽的光芒，这就是所谓的超新星遗迹，它也算是星云（p026）的一种。

蟹状星云

Crab Nebula

蟹状星云（M1）是位于金牛座的超新星遗迹，于 1054 年观测到并被证实由超新星爆发形成。

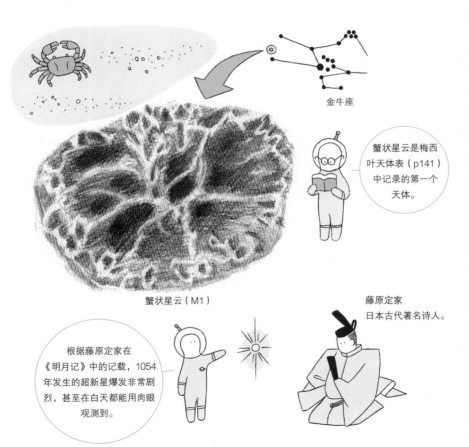

金牛座

蟹状星云是梅西叶天体表（p141）中记录的第一个天体。

蟹状星云（M1）

藤原定家
日本古代著名诗人。

根据藤原定家在《明月记》中的记载，1054 年发生的超新星爆发非常剧烈，甚至在白天都能用肉眼观测到。

脉冲星

Pulsar

脉冲星是能发射脉冲（周期性的）光和射电波等的天体。从脉冲星传来的光和射电波都有很稳定的周期，它被认为是宇宙中最精确的时钟。它的原形是高速自转的中子星。

脉冲星

周期非常规律的光和射电波

地球

脉冲星发射的射电波周期太过规律，刚开始人们还以为是外星人发来的信号呢！

利用脉冲星的性质观测中子星

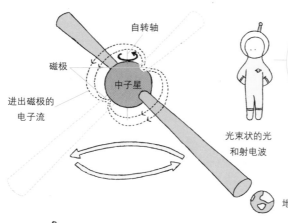

自转轴

磁极

中子星

进出磁极的电子流

光束状的光和射电波

地球

当中子星的磁极有电子进出时，两个磁极就会发出光束状的强光或射电波。

蟹状星云（p165）的中心就有一颗脉冲星哦！

随着中子星的超高速自转，磁极发出的强光或射电波会像灯塔一样传遍整个宇宙。

超新星 1987A

SN 1987A

超新星 1987A 位于银河系附近的大麦哲伦云（银河系的伴星系→ p208）中，它于 1987 年爆发。爆发时释放的光芒肉眼可见，上次出现亮度如此之高的超新星爆发，已经是 400 多年的事情了。

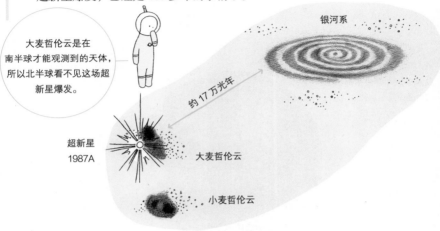

大麦哲伦云是在南半球才能观测到的天体，所以北半球看不见这场超新星爆发。

银河系

约 17 万光年

超新星 1987A

大麦哲伦云

小麦哲伦云

观测到超新星释放的中微子！

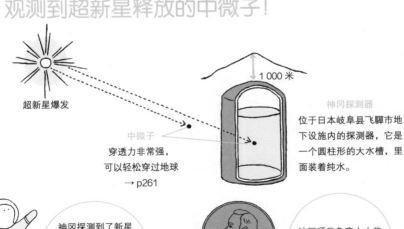

超新星爆发

中微子

穿透力非常强，可以轻松穿过地球
→ p261

1 000 米

神冈探测器

位于日本岐阜县飞驒市地下设施内的探测器，它是一个圆柱形的大水槽，里面装着纯水。

神冈探测到了新星 1987A 释放的中微子，这是人类历史上首次探测到太阳系外天体产生的中微子哦！

神冈项目负责人小柴昌俊先生在 2002 年获得诺贝尔物理学奖。

视界
Event horizon

当比太阳重很多（大概 40 倍以上）的恒星发生超新星爆发时，其中心部分会无限制地坍塌，最后形成一个黑洞（p025），而黑洞的"表面"就被称为视界。

黑洞的构造

进入视界后，连地球上速度最快的光都会被超强的引力吸住且无法逃离。

施瓦氏半径
视界的半径

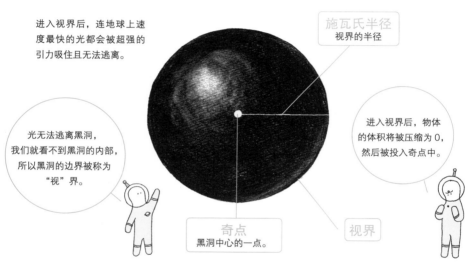

光无法逃离黑洞，我们就看不到黑洞的内部，所以黑洞的边界被称为"视"界。

进入视界后，物体的体积将被压缩为 0，然后被投入奇点中。

奇点
黑洞中心的一点。

视界

怎样把太阳变成黑洞？

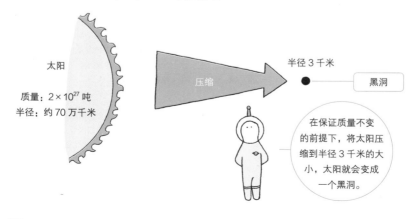

太阳

质量：2×10^{27} 吨
半径：约 70 万千米

压缩

半径 3 千米

黑洞

在保证质量不变的前提下，将太阳压缩到半径 3 千米的大小，太阳就会变成一个黑洞。

天鹅座 X-1

Cygnus X-1

天鹅座 X-1 是有望成为黑洞的候选天体。它距离地球约 6 000 光年，而且正在发出高强度的 X 射线辐射。

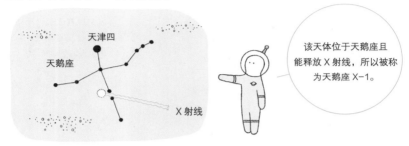

该天体位于天鹅座且能释放 X 射线，所以被称为天鹅座 X-1。

天鹅座 X-1 的预想图

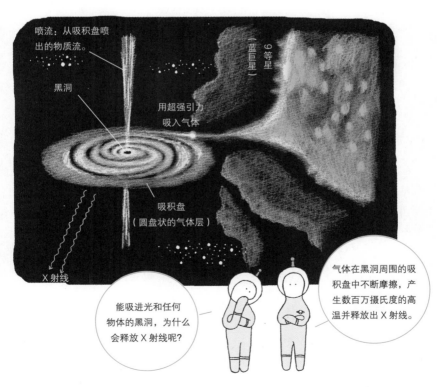

喷流：从吸积盘喷出的物质流。

黑洞

用超强引力吸入气体

（蓝巨星）9 等星

吸积盘
（圆盘状的气体层）

X 射线

能吸进光和任何物体的黑洞，为什么会释放 X 射线呢？

气体在黑洞周围的吸积盘中不断摩擦，产生数百万摄氏度的高温并释放出 X 射线。

恒星周年视差

Stellar parallax

恒星周年视差是指因地球绕太阳公转，而导致观测恒星的方位产生变化。恒星周年视差是日心说的有力证明。

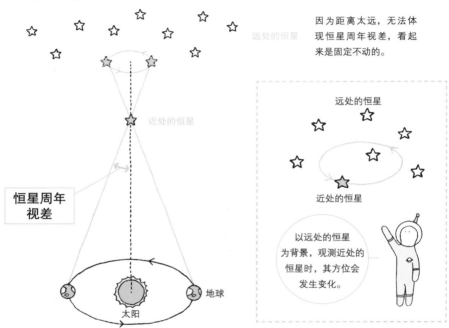

远处的恒星

因为距离太远，无法体现恒星周年视差，看起来是固定不动的。

近处的恒星

恒星周年视差

远处的恒星

近处的恒星

以远处的恒星为背景，观测近处的恒星时，其方位会发生变化。

地球

太阳

恒星周年视差很难分辨吗？

恒星离地球越近，周年视差就越大。不过，即使是距离太阳系最近的半人马座 α，周年视差也只有 1/5 000° 左右（大约是满月直径的 1/2 500），所以分辨起来非常困难。

用肉眼和小型望远镜无法观测到周年视差，所以有的科学家也借此反对日心说。

直至 1838 年，大型望远镜被制造出来，人们才第一次探测到恒星周年视差。

秒差距

Parsec

得知某个恒星的周年视差后，就可以通过计算求出地球与该恒星之间的距离。
我们将地球与周年视差为 1 角秒（1/3 600°）的恒星之间的距离称为 1 秒差距。
1 秒差距约为 3.26 光年。

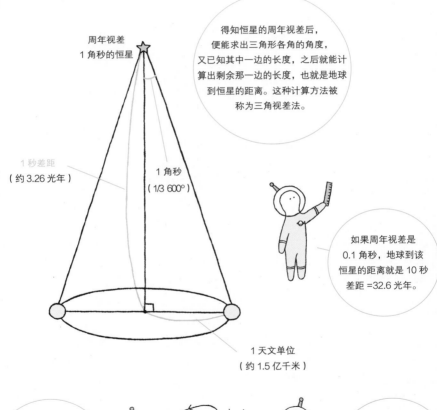

得知恒星的周年视差后，
便能求出三角形各角的角度，
又已知其中一边的长度，之后就能计
算出剩余那一边的长度，也就是地球
到恒星的距离。这种计算方法被
称为三角视差法。

周年视差
1 角秒的恒星

1 秒差距
（约 3.26 光年）

1 角秒
（1/3 600°）

如果周年视差是
0.1 角秒，地球到该
恒星的距离就是 10 秒
差距 =32.6 光年。

1 天文单位
（约 1.5 亿千米）

距太阳系较近（几百光年
内）的恒星，可以用周年
视差推算距离哦！

如果恒星距离太远，
无法测量周年视差，就要
用赫罗图（p154）来推算
距离了。

变星
Variable star

变星是指亮度会发生变化的恒星。根据亮度改变的原因，变星被分为以下几种。

食变星

联星（p176）中一颗恒星遮挡住另一颗，导致被遮挡的恒星亮度发生变化，这种变星被称为食变星。比较出名的食变星有大陵五（英仙座 β）等。

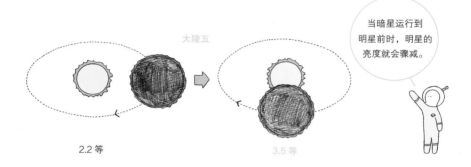

大陵五

2.2 等

3.5 等

当暗星运行到明星前时，明星的亮度就会骤减。

爆发变星

因恒星表层或大气发生爆炸而产生亮度变化的变星被称为爆发变星。比较有代表性的是北冕座 R 星。

北冕座 R 星会释放含碳的气体，气体中的碳冷却后变为固体尘埃，遮挡在星球表面，就会导致恒星的亮度变暗。

尘埃
（碳）

北冕座 R 星

像忍者的烟雾弹一样。

激变变星

像新星（p161）、超新星（p022）这种会突然变亮的恒星也属于变星的一种，它们被称为激变变星。

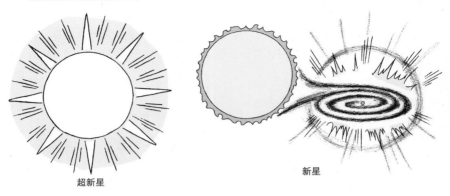

超新星

新星

脉动变星

因恒星表层周期性的膨胀与收缩（脉动）引起亮度变化，这样的变星被称为脉动变星。脉动变星又根据变化周期和变化规律被细分为几种。亮度在 2 等和 10 等之间变化的**刍藁增二**（鲸鱼座 O）是脉动变星（刍藁增二型变星）中知名的代表性变星。

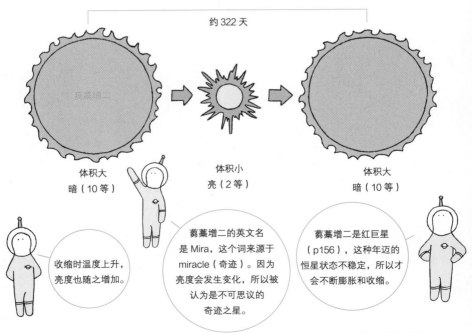

约 322 天

体积大
暗（10 等）

体积小
亮（2 等）

体积大
暗（10 等）

收缩时温度上升，亮度也随之增加。

刍藁增二的英文名是 Mira，这个词来源于 miracle（奇迹）。因为亮度会发生变化，所以被认为是不可思议的奇迹之星。

刍藁增二是红巨星（p156），这种年迈的恒星状态不稳定，所以才会不断膨胀和收缩。

造父变星

Cepheid variable

造父变星是脉动变星（p173）的一种，它的光变周期跟绝对星等之间存在特定的相关性，我们可以利用这层关系推出地球到造父变星的距离（6 000 万光年以内）。

仙王座 δ 是最具代表性的造父变星，它的变化周期是 5 天 8 小时 48 分，变化幅度约为 1 等级。

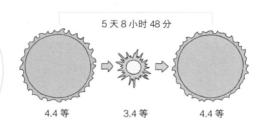

5 天 8 小时 48 分

4.4 等 　　　 3.4 等 　　　 4.4 等

周光关系

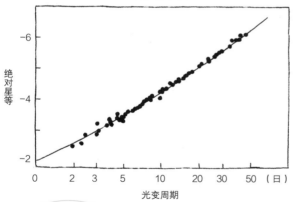

绝对星等

光变周期

（日）

造父变星遵循"光变周期越长，恒星本来的光度（绝对星等）就越大"的规律，这种规律被称为周光关系。

如果在遥远的星系发现造父变星，就可以通过光变周期推测它的绝对星等！然后根据绝对星等和视星等之间的差异，推算出地球到这个造父变星所在星系的距离。

造父变星

KIC 8462852

KIC 8462852 是开普勒空间望远镜（p187）发现的变星。2015 年，有科学家发表了一篇论文，声称这颗变星的不规律光变现象，是由外星人建造的巨大建筑物遮挡星光造成。当时，这篇论文引起了很大的轰动。

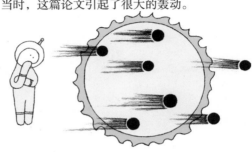

是不是因为很多彗星从这颗恒星前方经过，才导致亮度变暗的？

KIC 8462852

彗星或行星通过的假说无法解释高达 22% 的变光量，所以才有科学家提出是外星人制作的戴森球遮挡星光，导致亮度变暗的假说。

戴森球是像蛋壳一样包裹恒星的假想设施，它的目的是获取恒星的全部能量。

高度发达的外星文明说不定能够建造这种设施哦！

联星
Binary star

联星（也叫双星系统）是指两颗引力相互作用且围绕共同质心公转的恒星。
其中较亮的恒星被称为主星，较暗的恒星被称为伴星。

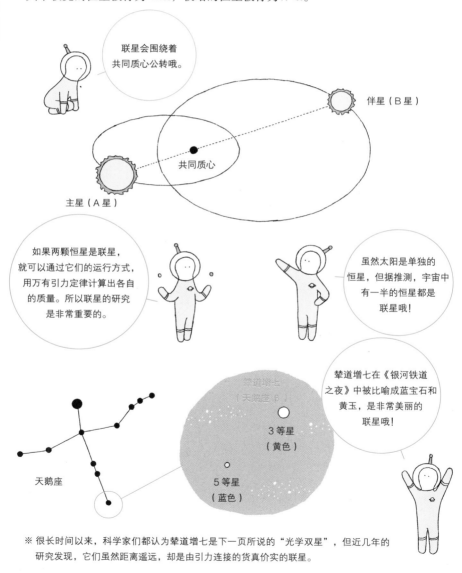

联星会围绕着
共同质心公转哦。

伴星（B星）

共同质心

主星（A星）

如果两颗恒星是联星，
就可以通过它们的运行方式，
用万有引力定律计算出各自
的质量。所以联星的研究
是非常重要的。

虽然太阳是单独的
恒星，但据推测，宇宙中
有一半的恒星都是
联星哦！

辇道增七在《银河铁道
之夜》中被比喻成蓝宝石和
黄玉，是非常美丽的
联星哦！

辇道增七
（天鹅座β）

3等星
（黄色）

5等星
（蓝色）

天鹅座

※ 很长时间以来，科学家们都认为辇道增七是下一页所说的"光学双星"，但近几年的
研究发现，它们虽然距离遥远，却是由引力连接的货真价实的联星。

176

存在由三颗以上恒星组成的联星吗？

由三颗恒星组成的联星被称为三星系统。前面提到的半人马座 α（p120）就是一个三星系统。除了三星系统，人们还发现了四星系统、五星系统，甚至六星系统。

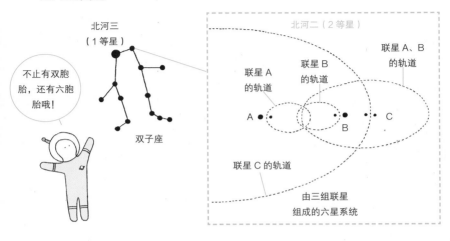

北河三
（1 等星）

不止有双胞胎，还有六胞胎哦！

双子座

北河二（2 等星）

联星 A、B 的轨道

联星 B 的轨道

联星 A 的轨道

A · · B · · C

联星 C 的轨道

由三组联星组成的六星系统

双星

Double star

双星是指从地球观测到的两颗距离非常近的恒星。有些光学双星确实距离很近，而且会围绕共同质心运动，这种双星就是联星。还有一些双星只是看起来位于同一个方向，但实际的距离非常远，这种双星被称为光学双星。

☆ ☆
它们是联星吗？

实际距离很远

光学双星

密近双星

Close binary

密近双星是指距离非常近的联星。在强大引力的影响下，这种联星中的每颗恒星都会产生各种各样的变化。

上接双星

双方都受到很强的引力影响，最后导致星体变形。

半接双星

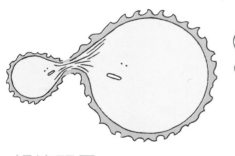

气体从体积大的恒星流向体积小的恒星。

最后会变成新星（p161）或 Ia 型超新星（p224）。

相接双星

两颗恒星连在一起，看起来像葫芦一样！

相接双星也属于食变星（p172）哦。

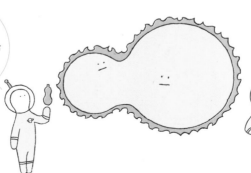

亮红新星

Luminous red nova

亮红新星是指联星之间撞击、合并时引发的爆炸现象（也有别的假说）。亮红新星爆发时的亮度（光度）比新星高，但比超新星低，且呈红色。

麒麟座 V838

V838 是位于麒麟座的亮红新星，它曾在 2002 年爆发，体积曾一度膨胀至太阳的 3 200 倍。

爆发时周围出现了一种名叫回光（Light echo）的独特现象。回光呈现出美丽的旋涡图案，好似梵·高的名画《星月夜》！

天鹅座会在 2022 年出现红新星吗？

有科学家在 2017 年时预测，天鹅座 KIC 9832227 密近双星将于 2022 年合并成亮红新星。据猜测，现在为 12 等星的恒星，届时将发出相当于 2 等星的光芒，甚至用肉眼都能观测到。

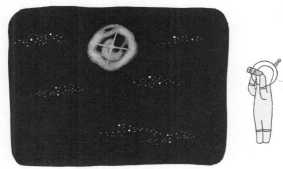

天鹅座的红新星爆发时，也许也能看到回光呢！

自行

Proper motion

前文提及恒星之间的位置关系固定不变（p016），但仅限于数年或数十年之内。如果间隔更长时间观察，就会发现恒星其实在向不同方向运动，它们在天球上的位置也会随之变化，这种运动被称为自行。

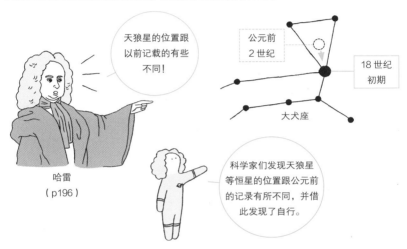

天狼星的位置跟以前记载的有些不同！

哈雷
（p196）

公元前2世纪

18世纪初期

大犬座

科学家们发现天狼星等恒星的位置跟公元前的记录有所不同，并借此发现了自行。

10万年后的北斗七星会翻过来吗？

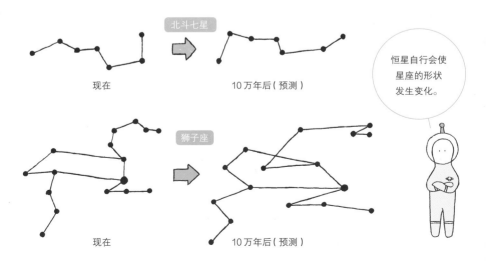

北斗七星

现在

10万年后（预测）

恒星自行会使星座的形状发生变化。

狮子座

现在

10万年后（预测）

光行差

Aberration of light

光行差是指因地球自身的运动，导致观测光时产生方向偏差。因为地球公转引起的光行差被称为周年光行差。周年光行差是地球公转的证据。

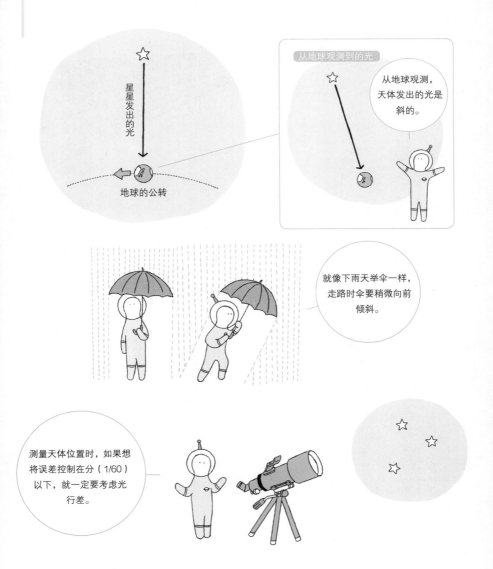

从地球观测到的光

星星发出的光

地球的公转

从地球观测，天体发出的光是斜的。

就像下雨天举伞一样，走路时伞要稍微向前倾斜。

测量天体位置时，如果想将误差控制在分（1/60）以下，就一定要考虑光行差。

分光

Spectroscopy

分光是指按照波长将光分开。太阳光通过三棱镜后，会变成 7 种颜色的光，这是因为三棱镜把太阳光分开了。

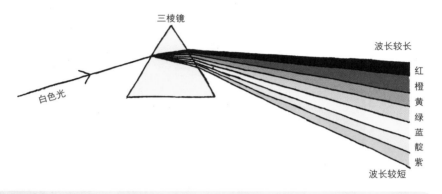

光谱

Spectrum

光谱是将分光后的光按波长依次排列的图案。

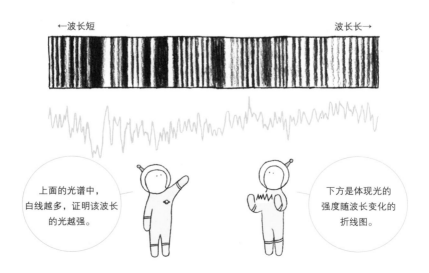

上面的光谱中，白线越多，证明该波长的光越强。

下方是体现光的强度随波长变化的折线图。

发射线 / 吸收线

Emission line / Absorption line

高温物质（元素）会辐射出特定波长的光，被称为发射线。当某种元素位于光源和观测者之间时，这种元素会吸收与其发射线波长相同的光，使该波长的光无法传到观测者那里，进而在光谱上形成一条黑线，被称为吸收线（或暗线）。

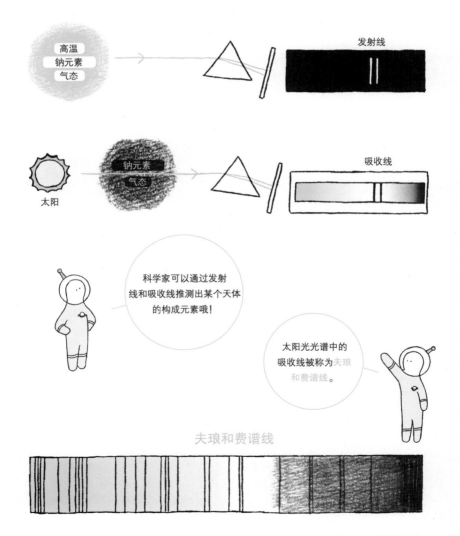

太阳光光谱中的吸收线被称为夫琅和费谱线。

科学家可以通过发射线和吸收线推测出某个天体的构成元素哦！

夫琅和费谱线

系外行星

Extrasolar planet / Exoplanet

系外行星（太阳系外行星）就是太阳系之外的行星。主要指围绕太阳以外的恒星运行的行星。

从 1995 年发现第一颗系外行星开始，截至 2017 年 7 月，人类已经发现 3 600 多颗系外行星了。

据推测，夜空中超过半数的恒星都有自己的行星哦！

以前很难发现系外行星吗？

与能自主发光的恒星相比，只能反射恒星光芒的行星，其亮度还不到恒星的一亿分之一。以前，想在耀眼的恒星附近寻找围绕其运行的系外行星，就像在灯塔下寻找萤火虫一样困难。

恒星

找不到啊……

系外行星

飞马座 51b

51 Pegasi b

飞马座 51b 是人类发现的第一颗围绕主序星（p150）运行的系外行星。于 1995 年由瑞士天文学家发现。

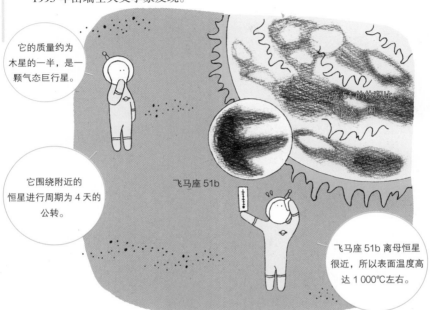

它的质量约为木星的一半，是一颗气态巨行星。

飞马座 51 的体积比太阳大一圈。

它围绕附近的恒星进行周期为 4 天的公转。

飞马座 51b

飞马座 51b 离母恒星很近，所以表面温度高达 1 000℃左右。

※1992 年科学家在脉冲星（p166）周围发现了系外行星。

飞马座 51b 是人类发现的第一颗围绕主序星运行的系外行星。

系外行星如何命名？

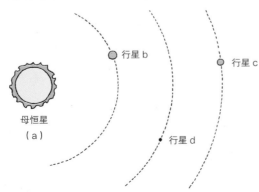

行星 b

行星 c

母恒星

（a）

行星 d

将位于中心的恒星命名为 a，围绕它的行星按照发现的顺序依次命名为 b、c、d……

多普勒效应法

Doppler spectroscopy

多普勒效应法是寻找系外行星的方法之一。系外行星在围绕恒星运行时，会给恒星施加一个牵引力，进而引起恒星位置变化。多普勒效应法就是根据恒星的"微小位移"来推测行星存在的。

凌日法

Transit method

从地球观察，当系外行星运行到恒星前面时，恒星会因为部分光芒被行星遮挡而变暗，通过这种变化判断是否存在系外行星的方法，被称为凌日法。

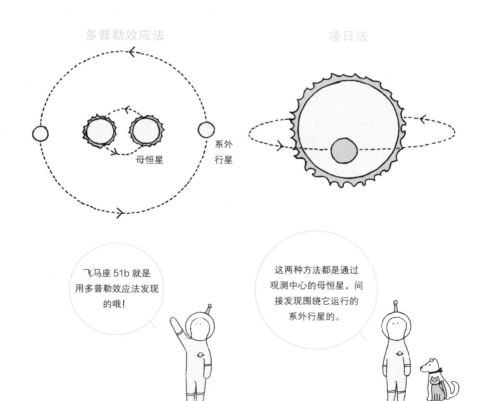

多普勒效应法

凌日法

母恒星

系外
行星

飞马座 51b 就是用多普勒效应法发现的哦！

这两种方法都是通过观测中心的母恒星，间接发现围绕它运行的系外行星的。

开普勒（探测卫星）

Kepler

开普勒空间望远镜是 NASA 为了寻找系外行星而发射的探测卫星。它主要采用凌日法寻找系外行星。开普勒发现的系外行星已经超过了 2 500 颗。

开普勒只观测天鹅座的一角，没想到在这么小的区域里能发现那么多系外行星。

开普勒

直接成像法

Direct imaging

直接给系外行星拍照的方法被称为直接成像法。用这种方法可以一并掌握行星的光度、温度、轨道、大气等信息，对研究系外行星至关重要。

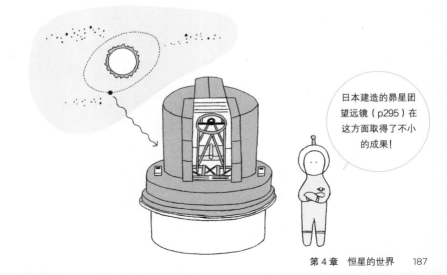

日本建造的昴星团望远镜（p295）在这方面取得了不小的成果！

热类木星

Hot Jupiter

热类木星是指公转轨道很接近其母恒星的类木行星。太阳系的木星公转轨道远离太阳，所以是一颗冰冷的气态行星，而系外的热类木星则是灼热的行星。

偏心行星

Eccentric planet

偏心行星是指公转轨道为椭圆形的系外行星，也是太阳系中不存在的"奇特"行星。

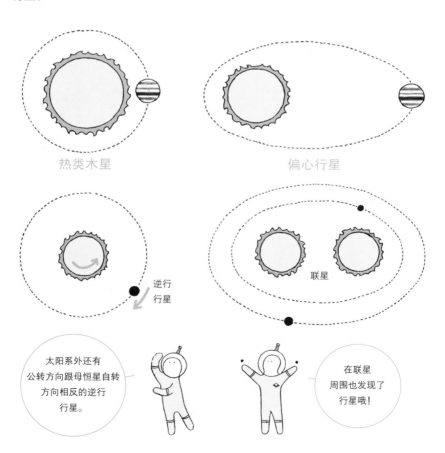

热类木星　　　　　　　　偏心行星

逆行
行星

联星

太阳系外还有
公转方向跟母恒星自转
方向相反的逆行
行星。

在联星
周围也发现了
行星哦！

眼球行星

Eyeball planet

红矮星（p153）附近有一种一直将同一面朝向它的行星，朝向红矮星的那一面非常灼热，而另一面则非常冰冷。这种行星被称为**眼球行星**。科学家猜测，比邻星（p120）的行星就是眼球行星。

非常冰冷，处于冰冻状态。

看起来好像眼球啊！

非常灼热，所有的冰都融化了。

※ 眼球行星上不一定有水。

微引力透镜法

Gravitational microlensing

微引力透镜法是人类寻找系外行星的方法之一。从地球观测，当一颗较近的恒星运行到另一颗遥远的恒星前方时，较近恒星的引力会像透镜一样凝聚遥远恒星发出的光芒，遥远恒星的亮度会在短时间内得到提升，这种现象被称为"引力微透镜"。如果充当透镜的较近恒星周围有行星运行，在行星引力的作用下，遥远恒星的亮度会短时间提升后恢复至以前的亮度，然后再瞬间提升。当遥远恒星的亮度发生这种变化时，就能推测出较近的恒星拥有行星。

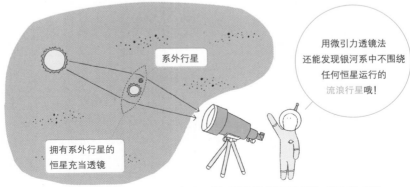

系外行星

用微引力透镜法还能发现银河系中不围绕任何恒星运行的流浪行星哦！

拥有系外行星的恒星充当透镜

※ 有关"引力透镜"原理的具体说明，请参照 p218。

宜居带

Habitable zone

宜居带是指在一颗恒星周围，作为生命之源的水能以液体形式存在的范围。处于宜居带的行星被称为宜居行星。

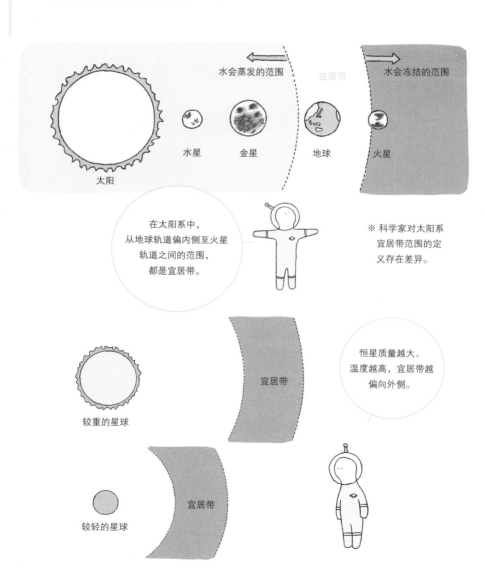

水会蒸发的范围　　　宜居带　　　水会冻结的范围

水星　　金星　　地球　　火星

太阳

在太阳系中，从地球轨道偏内侧至火星轨道之间的范围，都是宜居带。

※ 科学家对太阳系宜居带范围的定义存在差异。

较重的星球

宜居带

恒星质量越大、温度越高，宜居带越偏向外侧。

较轻的星球

宜居带

生物标记

Biomarker

生物标记是指能证明系外行星上存在生命的标志物。比如，如果系外行星的大气中含有氧气，该行星就可能存在能进行光合作用的生命，那么氧气就是生物标记。

那个行星上有氧气，应该也存在生命！

红边

Red edge

地球上的植物可以反射红光或红外线，这种特性被称为红边。如果从系外行星接收的光中发现红边，就意味着该行星上可能存在像地球植物一样的生命。所以红边也是一种强有力的生物标记。

反射红光和红外线

如果发现一颗被绿色植被覆盖的行星，上面会有什么呢？

天体生物学

Astrobiology

天体生物学是指寻找外星生物并探究其起源与进化之谜的学科。近些年，随着系外行星探测技术的发展，各个领域的科学家都开始关注天体生物学这门新兴科学，打算一同挑战"宇宙中其他生命"这个巨大的未解之谜。

天体生物学研究的范围很广。

比较生理学

天文学

行星科学

地球化学

生物化学

天体生物学

分子演化学

地球物理学

地质学

微生物生态学

目前我们只了解地球上的生命，如果有机会研究宇宙中的其他生命，也许就能解读"生命"的普遍意义。

德雷克方程

Drake equation

德雷克方程是一个公式，用于推测银河系中究竟存在多少能进行无线电通信的地外文明。它由美国天文学家德雷克于 1961 年发表。

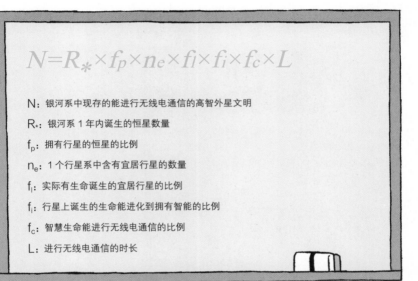

$$N=R_* \times f_p \times n_e \times f_l \times f_i \times f_c \times L$$

N：银河系中现存的能进行无线电通信的高智外星文明

R_*：银河系 1 年内诞生的恒星数量

f_p：拥有行星的恒星的比例

n_e：1 个行星系中含有宜居行星的数量

f_l：实际有生命诞生的宜居行星的比例

f_i：行星上诞生的生命能进化到拥有智能的比例

f_c：智慧生命能进行无线电通信的比例

L：进行无线电通信的时长

N 代表外星文明的数量，它的数值到底是多少呢？

500？1？

有人说是"500万"，也有人说是"1"。如果 N 为 1，那么人类社会便是银河系唯一的高智文明。

也许在我们得知这个方程的答案时，才能成为"真正的高智文明"。

SETI

SETI 是"搜寻地外文明计划（Search for Extra Terrestrial Intelligence）"的缩写，也就是"寻找外星人"。具体说来，就是通过接收地外高等文明发射的无线电（射电波）等信号，来发现它们的存在。

德雷克

人类首次进行 SETI 计划时使用的射电望远镜

世界上最早进行 SETI 的是美国天文学家德雷克（p193），他于 1960 年使用美国国家射电天文台的绿堤射电望远镜开展"奥兹玛计划"。当时，德雷克用电波望远镜花了 200 小时观测与太阳相似的恒星（距离地球约 10 光年），但却没有收到外星文明发来的信号。

Wow！讯号

Wow！Signal

1977 年，美国俄亥俄州立大学的硕耳射电望远镜拦截到一个持续 72 秒的强射电波。当时的研究人员在信号部分画了几个圈，并在旁边写下"Wow！"的字样，后来这个信号便被称为"Wow！讯号"。

科学家们此后再也没收到类似的信号，所以无法确定这个信号的来源。

如果真的联系到外星人，应该怎么办？

当收到外星人发来的信号时，不能随便回复，要按照下面的指示操作。

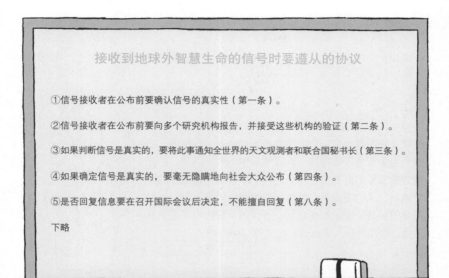

接收到地球外智慧生命的信号时要遵从的协议

①信号接收者在公布前要确认信号的真实性（第一条）。

②信号接收者在公布前要向多个研究机构报告，并接受这些机构的验证（第二条）。

③如果判断信号是真实的，要将此事通知全世界的天文观测者和联合国秘书长（第三条）。

④如果确定信号是真实的，要毫无隐瞒地向社会大众公布（第四条）。

⑤是否回复信息要在召开国际会议后决定，不能擅自回复（第八条）。

下略

※ 上述协议由 IAA（国际宇航科学院）的 SETI 委员会于 1989 年发表。

对人类来说，寻找地外文明是"即使失败也是成功"的少数活动之一。

萨根（跟德雷克一起进行 SETI 计划的美国天文学家。）

也许有一天，真的能和地球人接触呢。

07

牛顿

公元 1643 年—公元 1727 年

牛顿是英国数学家、物理学家和天文学家，他发现了万有引力（重力）定律和三大运动定律（惯性定律、加速度定律、作用力与反作用力定律）。依据牛顿建立的力学体系，人们得以从物理学角度解释地球绕太阳运行和行星沿椭圆轨道运行的成因。可以说，现代宇宙学发展至今，全由牛顿一手奠定。

08

哈雷

公元 1656 年—公元 1742 年

英国天文学家哈雷是牛顿的朋友，在他的帮助下牛顿才得以出版《自然哲学的数学原理》一书。他曾根据牛顿力学预测哈雷彗星（p098）的回归，并得到了证实。这是利用牛顿力学研究太阳系天体运动的首个成果。

第 5 章

银河系和星系宇宙

银河

Milky way

银河是横穿整个夜空的乳白色亮带，它的英文名直译就是"像牛奶一样的通道"。银河其实由无数暗星组成，发现这一点的是用自制望远镜观测银河的伽利略。

原来由暗星组成呀！

伽利略

为什么银河看起来呈带状?

夜空中的银河看起来呈带状，这是因为构成银河的星球在地球周围组成了一个薄薄的圆盘。太阳和地球都处于圆盘之中，所以从地球观测时，银河便呈带状。

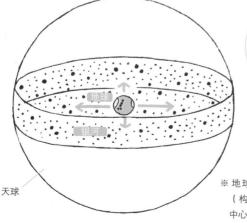

地球

银河

天球

银河中的星球围绕着太阳和地球，组成了一个圆盘。

※ 地球和太阳并不在银河系（构成银河的星星集团）的中心。

银河系

Milky way Galaxy

银河系是太阳系所属的星系（p030）。银河系共有约 1 000 亿颗（也可能是 2 000 亿颗）恒星，它的很大一部分质量由星际介质（p140）构成。

图上的旋涡是由一颗颗像太阳一样的恒星构成的。

"1 000 亿颗星星" 是什么概念?

用米粒填满 25 米长的泳池，大概需要 130 亿粒！

12m

25m

1.2m

真是无法想象的数字！

1 000 亿相当于填满 8 个 25 米长的泳池所用的米粒之和！

星系盘

Disc

银河系是由约 1 000 亿颗恒星组成的集团，这些恒星排列成像凸透镜一样中间凸起的圆盘状。除去中心凸起的部分，其余的圆盘部分被称为星系盘。我们所处的太阳系，就在星系盘当中。

核球

Bulge

位于银河系中央的凸起部分被称为核球。星系盘由年轻的恒星和能够生成恒星的星际介质组成，而核球则大多是超过 100 亿岁的老年恒星，那里几乎没有星际介质。

银河系侧视图（模式图）

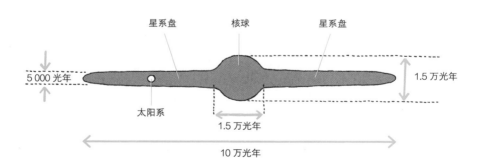

星系盘　　核球　　星系盘

5 000 光年　　　　　　　　　1.5 万光年

太阳系

1.5 万光年

10 万光年

太阳系至银河系中心的距离大约是 2 万 6 100 光年。

旋臂

Spiral arm

俯视银河系的星系盘，会发现其呈旋涡状。组成旋涡的长臂被称为旋臂。银河系有 4 条主旋臂，太阳系位于这 4 条旋臂以外的支臂——猎户臂中。

银河系俯视图（模式图）

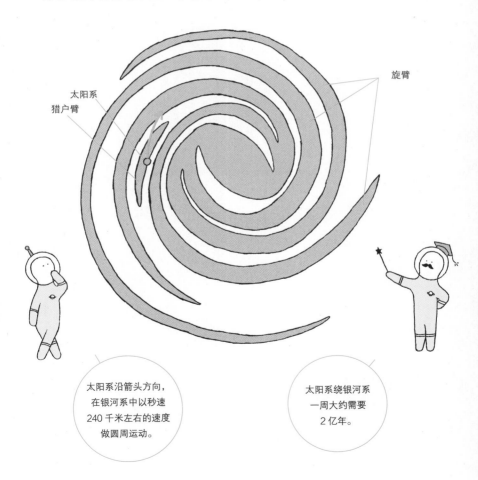

旋臂

太阳系
猎户臂

太阳系沿箭头方向，在银河系中以秒速 240 千米左右的速度做圆周运动。

太阳系绕银河系一周大约需要 2 亿年。

人马座 A*

Sagittarius A*

人马座 A* 是位于人马座的点状天体，虽然在可见光下什么都看不到，却能释放很强的射电波。据猜测，人马座 A* 是银河系的中心，而且是一个超大质量黑洞（p203）。

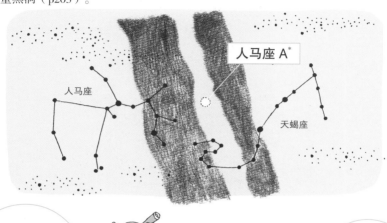

银河看上去是两条，这是因为中间有很浓的气体和尘埃，光被它们吸收，所以无法传到地球。

银河系的中心就在那里哦！

从宇宙传来的射电波！

1931 年，美国无线电工程师詹斯基在调查引发雷电的射电波时，偶然发现了从人马座传来的射电波。从此，天文学中多了一门观测宇宙射电波的分支——射电天文学。

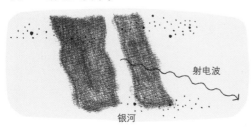

宇宙也会传来射电波哦！

超大质量黑洞

Supermassive black hole

超大质量黑洞是质量为太阳质量 10 万倍至 100 亿倍的黑洞。据猜测，包括银河系在内，很多星系中心都有超大质量黑洞。

银河系中心的超大质量黑洞

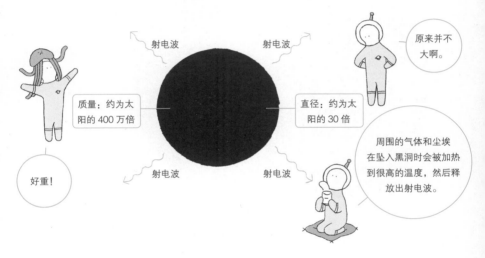

射电波

射电波

质量：约为太阳的 400 万倍

直径：约为太阳的 30 倍

射电波

射电波

原来并不大啊。

周围的气体和尘埃在坠入黑洞时会被加热到很高的温度，然后释放出射电波。

好重！

超大质量黑洞是怎样形成的呢？

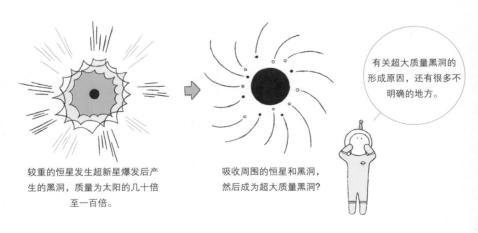

有关超大质量黑洞的形成原因，还有很多不明确的地方。

较重的恒星发生超新星爆发后产生的黑洞，质量为太阳的几十倍至一百倍。

吸收周围的恒星和黑洞，然后成为超大质量黑洞？

球状星团

Globular cluster

数万至数百万颗恒星聚集成球状的星团（p027）被称为**球状星团**。球状星团里有很多已经超过 100 亿岁的古老恒星。

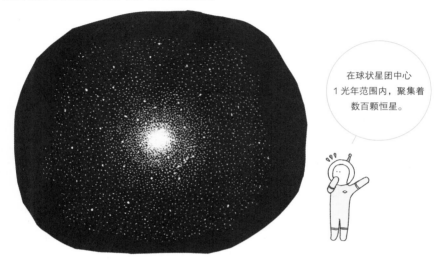

在球状星团中心
1 光年范围内，聚集着
数百颗恒星。

球状星团和疏散星团有什么区别?

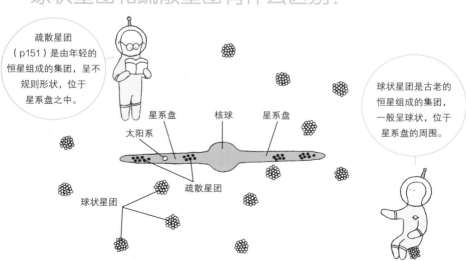

疏散星团
（p151）是由年轻的
恒星组成的集团，呈不
规则形状，位于
星系盘之中。

星系盘　核球　星系盘

太阳系

疏散星团

球状星团

球状星团是古老的
恒星组成的集团，
一般呈球状，位于
星系盘的周围。

晕

Halo

晕是指包裹星系盘和核球的球状区域。目前无法确定其准确大小，据推测，其大小约为星系盘的 10 倍。

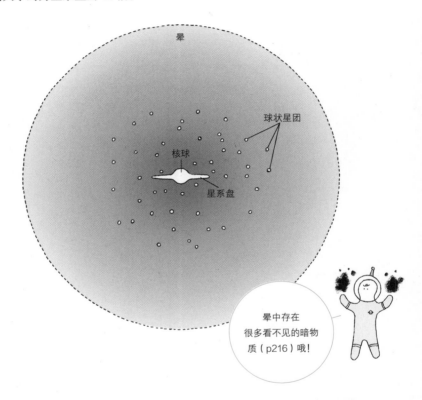

晕

球状星团

核球

星系盘

晕中存在
很多看不见的暗物
质（p216）哦！

星族

Stellar population

星族是恒星的分类法之一。星族 I 的恒星含有大量比氢或氦重的元素（比如碳或氧等），它们属于比较年轻的恒星，多见于星系盘中。星族 II 的恒星几乎不含有比氦重的元素，属于较老的恒星，多见于核球或球状星团中。最后，星族 III 的恒星是宇宙初期形成的大质量恒星（假想恒星，尚未发现）。

旋涡星系

Spiral galaxy

旋涡星系是指有旋涡形（旋臂）星系盘的星系。旋臂部分存在很多星族 I 的恒星（p205）和星际介质，经常诞生新的恒星。

中心部分呈棒状的旋涡星系被称为**棒旋星系**。银河系就是棒旋星系。

旋涡星系是
目前观测到的数量最
多的星系哦！

椭圆星系

Elliptical galaxy

椭圆星系是呈圆形或椭圆形的星系。主要由年老的恒星组成，几乎没有星际介质，所以无法诞生新的恒星。椭圆星系里的恒星主要做不规则运动。

有些椭圆星系
非常大，里面有多达
1 兆颗恒星呢！

※ 一部分椭圆星系中也含
有年轻的星团，里面不
断有新的恒星诞生。

透镜状星系

Lenticular galaxy

透镜状星系的形状很像旋涡星系，它也有星系盘和核球，但星系盘中没有旋涡图案（旋臂）。透镜状星系由很多年老的恒星组成，而且所含的星际介质不多，这一点与椭圆星系相似。

介于旋涡星系和椭圆星系之间的星系。

不规则星系

Irregular galaxy

不规则星系，顾名思义就是没有明确构造、形状不规则的星系。虽然不规则星系一般比较小，但里面含有很多星际介质，所以经常诞生新的恒星。

矮星系

Dwarf galaxy

矮星系是非常小且暗的星系，由不到几十亿颗的恒星构成。矮星系的形状不固定，有些呈圆形，有些则呈不规则形状。从数量上看，它比普通亮度的星系（旋涡星系、椭圆星系等）多很多。

大麦哲伦云

Large Magellanic Cloud

大麦哲伦云能够在南半球观测到，它属于不规则星系（p207）的一种。大麦哲伦云是距离银河系最近的星系（距离太阳系约16万光年），它的大小约为银河系的1/4。

小麦哲伦云

Small Magellanic Cloud

小麦哲伦云也是能够在南半球观测到的不规则星系。它距离太阳系大约20万光年，大小约为银河系的1/6。小麦哲伦云和大麦哲伦云都是围绕银河系运行的"伴星系"。

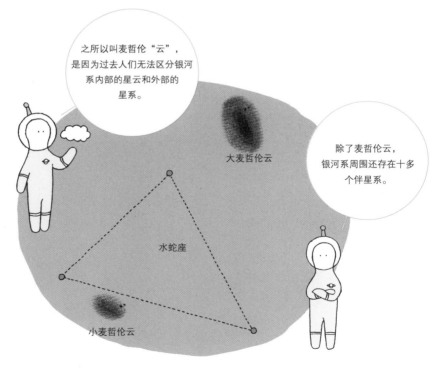

之所以叫麦哲伦"云"，是因为过去人们无法区分银河系内部的星云和外部的星系。

大麦哲伦云

除了麦哲伦云，银河系周围还存在十多个伴星系。

水蛇座

小麦哲伦云

※ 通过近些年的研究，关于麦哲伦云的性质又出现了新的假说。假说称麦哲伦云并不是银河系的伴星系，只是偶然出现在银河系附近而已，总有一天它们会离开银河系。

仙女星系

Andromeda Galaxy

仙女星系（M31）位于仙女座，它的完整视直径有满月的 6 倍大，是一个巨大的旋涡星系。仙女星系距离太阳系约 230 万光年，它的直径大约是银河系的 2 倍，拥有的恒星数量也大约是银河系的 2 倍。

以前被称为"仙女座大星云"，现在依然有人这样称呼它！

银河中能用肉眼看到的星系，只有大麦哲伦云、小麦哲伦云和仙女星系这三个哦！

仙女星系是由两个星系并合而成的吗？

仙女星系的中心有两个超大质量的黑洞（p203），所以有科学家猜测，仙女星系是由两个星系并合而成的大星系。

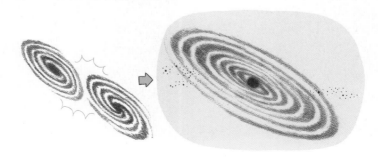

本星系群

Local Group

本星系群是银河系所属的星系群（p031）。本星系群覆盖的范围可达数百万光年，包含的星系多达 50 个，其中有三个最主要的星系，分别是银河系、仙女星系和三角座星系（M33），以及它们附带的伴星系和矮星系。据说，本星系群中还有很多没被发现的矮星系。

本星系群（比较有代表性的星系）

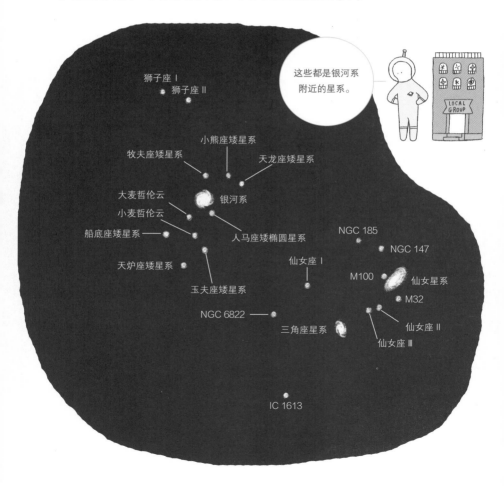

这些都是银河系附近的星系。

狮子座 I
狮子座 II
小熊座矮星系
牧夫座矮星系
天龙座矮星系
大麦哲伦云
银河系
小麦哲伦云
NGC 185
NGC 147
船底座矮星系
人马座矮椭圆星系
仙女座 I
M100
仙女星系
天炉座矮星系
M32
玉夫座矮星系
仙女座 II
NGC 6822
三角座星系
仙女座 III
IC 1613

银河仙女星系

Milkomeda

银河系和仙女星系在双方引力的吸引下，以秒速 300 千米左右的速度慢慢靠近。随着两个星系的不断接近，速度也会渐渐加快。据猜测，这两个星系大约在 40 亿年后就会相撞并最终并合为一个巨大的椭圆星系，名为"银河仙女星系"。

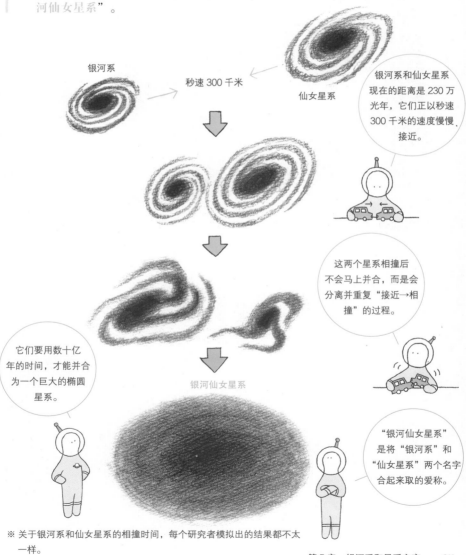

银河系

秒速 300 千米

仙女星系

银河系和仙女星系现在的距离是 230 万光年，它们正以秒速 300 千米的速度慢慢接近。

这两个星系相撞后不会马上并合，而是会分离并重复"接近→相撞"的过程。

它们要用数十亿年的时间，才能并合为一个巨大的椭圆星系。

银河仙女星系

"银河仙女星系"是将"银河系"和"仙女星系"两个名字合起来取的爱称。

※ 关于银河系和仙女星系的相撞时间，每个研究者模拟出的结果都不太一样。

触须星系

Antennae Galaxies

触须星系（又叫天线星系）是位于乌鸦座的一对相互作用星系。这两个星系（NGC 4038 和 NGC 4039）于数亿年前相撞，撞击导致部分恒星从星系中飞出，形成了两个像触须一样的臂状结构。

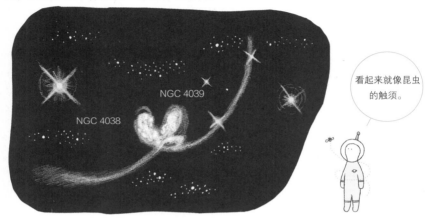

NGC 4039

NGC 4038

看起来就像昆虫的触须。

车轮星系

Cartwheel Galaxy

车轮星系是位于玉夫座的透镜状星系（p207）。据科学家们猜测，车轮星系大约在 2 亿年前与另一个小星系相撞，小星系正好穿过车轮星系的中央，于是形成了现在的外形。撞击过程不仅改变了车轮星系的外形，还爆发性地形成了很多新的恒星。

穿过的小星系

车轮星系

穿过车轮星系的小星系在右上方哦！

星系相互撞击是司空见惯的事吗？

星系的标准大小约为 10 光年，而星系团（p031）中星系的间隔只有数百光年，所以星系之间相互撞击并不是非常罕见的事。而星系中恒星之间的平均距离约为恒星直径的 1 000 万倍，即使星系相撞，星系内的恒星也几乎不可能撞在一起。

星系撞击时，里面的恒星会擦肩而过。

星暴

Starburst

当星系之间非常接近或产生碰撞时，里面的星际介质因撞击而受到压缩，密度会急速增大，并在短时间内形成大量质量超过太阳质量 10 倍的恒星。这种现象被称为星暴。

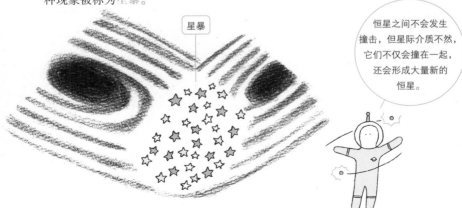

星暴

恒星之间不会发生撞击，但星际介质不然，它们不仅会撞在一起，还会形成大量新的恒星。

室女星系团

Virgo Cluster

室女星系团是距离本星系群最近（距离太阳系约 5 900 万光年）的星系团。它所覆盖的范围大约是 1 200 万光年，里面包含着 2 000 多个星系。

室女星系团中的星系（一部分）

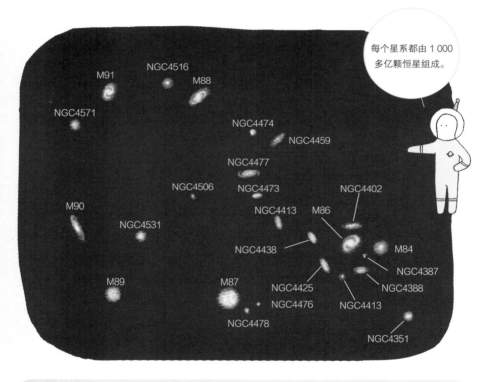

每个星系都由 1 000 多亿颗恒星组成。

M87

M87 是位于室女星系团中央的超巨椭圆星系。它的质量是银河系的 3 倍，中心有一个质量为太阳质量 60 多亿倍的超大质量黑洞。在《奥特曼》中，原本设定奥特曼的故乡是 M87，最后却误写成了 M78（p145）。

星系团为什么会释放 X 射线?

人造卫星在观测星系团时发现了很强的 X 射线，这是因为星系团内部存在大量温度高达几千万摄氏度的等离子体，X 射线就是这些等离子体释放的。

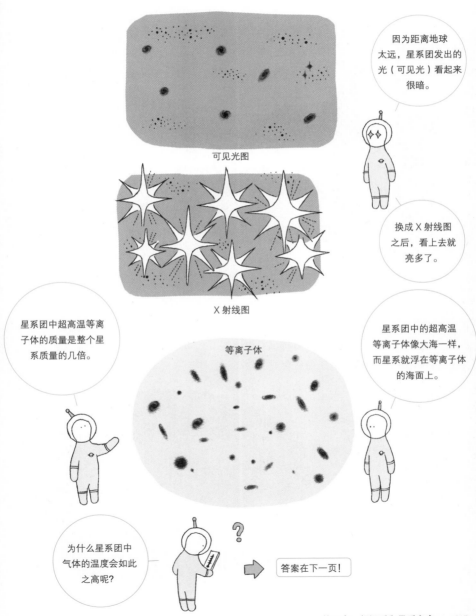

因为距离地球太远，星系团发出的光（可见光）看起来很暗。

可见光图

换成 X 射线图之后，看上去就亮多了。

X 射线图

星系团中超高温等离子体的质量是整个星系质量的几倍。

等离子体

星系团中的超高温等离子体像大海一样，而星系就浮在等离子体的海面上。

为什么星系团中气体的温度会如此之高呢?

答案在下一页!

暗物质

Dark matter

暗物质是指肉眼看不见（不会释放、吸收光这类电磁波），却能用引力影响周围物体的不明物质。据科学家推测，星系团内部和星系周围都存在暗物质，其质量为可见物质的 10 倍至 100 倍。

暗物质
（Dark matter）

暗物质与属于星际云的暗星云（p142）是不同的东西哦！

星系团中有大量暗物质吗？

科学家们调查了星系团中各星系的运动方式，发现它们都朝着不同方向快速移动。然而，星系却不会轻易脱离星系团。科学家们认为，这是因为星系团中存在的暗物质用很强的引力将星系束缚住了。同时，星系团中的气体也受暗物质引力的影响，被压缩后变成了超高温气体。

暗物质的超强引力将猛烈运动的星系束缚在星系团里。

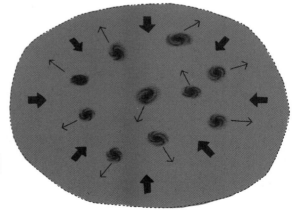

银河系周围都是暗物质吗?

银河系中的恒星和气体会不断在星系中旋转。一般来说,越到星系外侧旋转速度越慢,但银河系外侧的恒星和气体也处于高速旋转状态。恒星和气体之所以没有脱离银河系,就是因为银河系周围存在暗物质,这些暗物质用引力将恒星和气体束缚在银河系中。

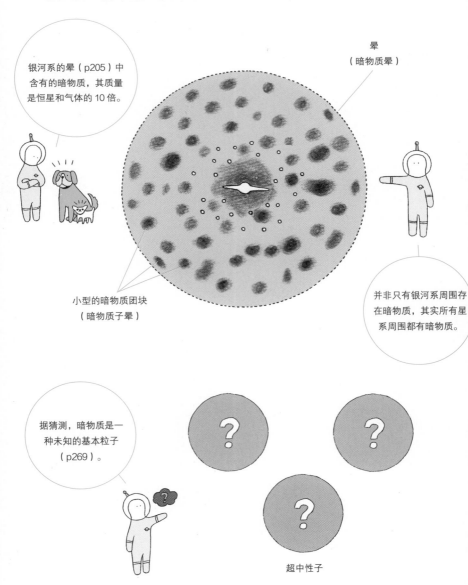

银河系的晕(p205)中含有的暗物质,其质量是恒星和气体的 10 倍。

晕
(暗物质晕)

小型的暗物质团块
(暗物质子晕)

并非只有银河系周围存在暗物质,其实所有星系周围都有暗物质。

据猜测,暗物质是一种未知的基本粒子(p269)。

?

?

?

超中性子

引力透镜

Gravitational lens

引力透镜是指遥远星球发出的光在近处天体引力的作用下发生弯曲，导致远处天体的像扩大，或是一下看到多个像的天文现象。爱因斯坦在 1936 年发表文章分析了引力透镜现象的原理，直至 1979 年，科学家们才发现实际发生的引力透镜现象。

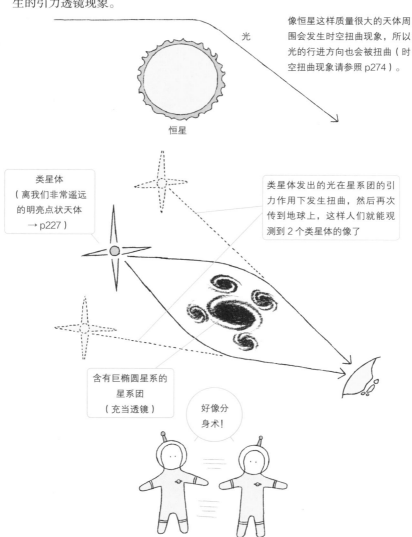

光

像恒星这样质量很大的天体周围会发生时空扭曲现象，所以光的行进方向也会被扭曲（时空扭曲现象请参照 p274）。

恒星

类星体
（离我们非常遥远的明亮点状天体
→ p227）

类星体发出的光在星系团的引力作用下发生扭曲，然后再次传到地球上，这样人们就能观测到 2 个类星体的像了

含有巨椭圆星系的星系团
（充当透镜）

好像分身术！

各种各样的引力透镜现象

地球和光源天体
以及透镜天体在一条
直线上时能够形成
"爱因斯坦环（Einstein Ring）"。

在透镜天体的作用下，
能看到 4 个像的现象被称为
"爱因斯坦十字（Einstein
Cross）"。

在附近星系团引力的作用下，
背后的多个星系被扭曲成了弧形。

引力透镜可以探测暗物质的分布吗？

由于暗物质也有引力，背景星系发出的光会在暗物质引力的作用下发生扭曲，导致整个星系的像也轻微扭曲，这种现象被称为"弱引力透镜效应"。如果能统计出大多数星系像的扭曲程度，就能知道暗物质的分布了。

超星系团

Supercluster

超星系团是指由数十个星系团或星系群组成，且范围大于 1 亿光年的天体系统。银河系所处的本星系群，位于一个以室女星系团（p214）为中心的室女超星系团（也叫本超星系团）中。

室女超星系团

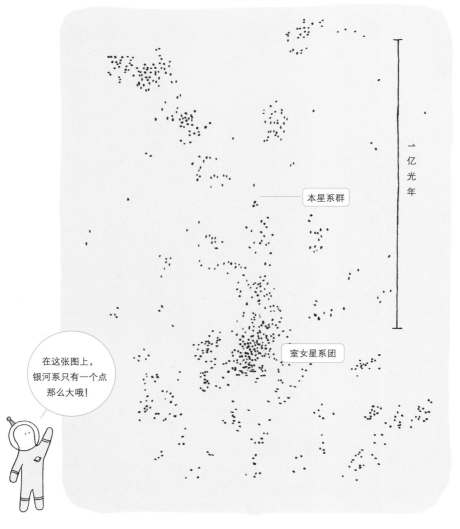

一亿光年

本星系群

室女星系团

在这张图上，银河系只有一个点那么大哦!

拉尼亚凯亚超星系团

Laniakea Supercluster

拉尼亚凯亚超星系团是近些年新发现的巨型超星系团。2014 年，夏威夷大学的研究团队发表了一个假说，该假说声称：室女超星系团只是拉尼亚凯亚超星系团的一部分而已。

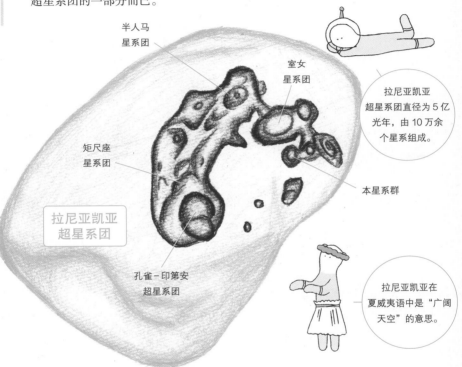

半人马星系团

室女星系团

矩尺座星系团

拉尼亚凯亚超星系团

孔雀–印第安超星系团

拉尼亚凯亚超星系团直径为 5 亿光年，由 10 万余个星系组成。

本星系群

拉尼亚凯亚在夏威夷语中是"广阔天空"的意思。

插图参考 "PLANES OF SATELLITE GALAXIES AND THE COSMIC WEB," BY NOAM I. LIBESKIND ET AL., IN MONTHLY NOTICES OF THE ROYAL ASTRONOMICAL SOCIETY, VOL. 452, NO. 1; SEPTEMBER 1, 2015 (inset slab); DANIEL POMARÈDE, HÉLÈNE M. COURTOIS, YEHUDA HOFFMAN AND BRENT TULLY (data for Laniakea illustration) 绘制。

巨洞

Void

宇宙中既有像超星系团这样星系密集的区域，当然也有几乎没有星系存在的区域。这样的区域被称为巨洞，其直径可达数亿光年。

宇宙大尺度结构

Large-scale structure of the cosmos

宇宙大尺度结构是指宇宙中星系呈网状分布的结构。星系一般集中分布在网一样的纤维状结构上，然后各自组成星系团或超星系团，而网的内部则是不存在星系的巨洞（p221）。

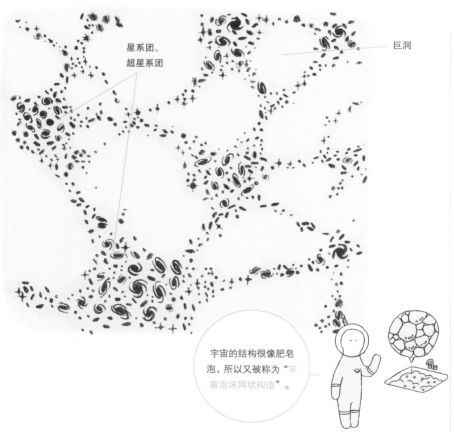

星系团、
超星系团

巨洞

宇宙的结构很像肥皂泡，所以又被称为"宇宙泡沫网状构造"。

宇宙大尺度结构是暗物质创造的吗？

据猜测，宇宙中最先形成的"结构种子"是由暗物质靠引力聚集而成，又聚集了普通物质（形成恒星和星系的物质）之后，恒星和星系相继诞生，慢慢才形成了现在的宇宙大尺度结构。也就是说，宇宙大尺度结构由肉眼看不到的暗物质创造。

宇宙长城

The Great Wall

宇宙长城是指在距离地球约 2 亿光年的位置上，由数量庞大的星系组成的长达 6 亿光年的"墙壁"式构造。这是目前人类所知的最大宇宙构造之一。

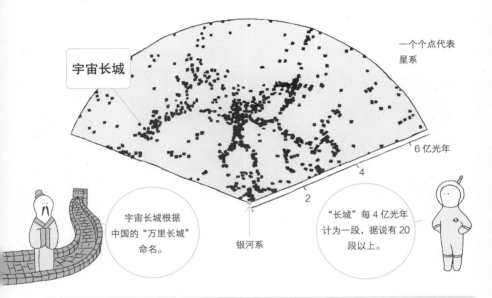

宇宙长城

一个个点代表星系

6 亿光年

4

2

银河系

宇宙长城根据中国的"万里长城"命名。

"长城"每 4 亿光年计为一段，据说有 20 段以上。

斯隆数字化巡天

Sloan Digital Sky Survey

斯隆数字化巡天（SDSS）计划观测全天 1/4 范围内的星系，是由日本、美国、德国合作的巡天项目。该项目利用位于美国新墨西哥州的专用望远镜观测，到目前为止已经探测到超过 1 亿个星系，同时正在制作三维的星系分布图。

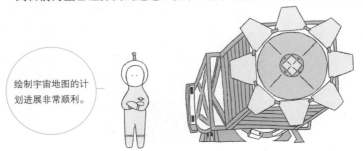

绘制宇宙地图的计划进展非常顺利。

Ia 型超新星

Type Ia supernova

Ia 型超新星是超新星（p022）的一种，由白矮星（p159）剧烈爆炸后形成。

Ia 型超新星的诞生过程

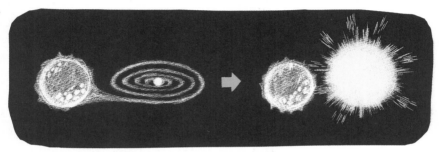

附近星球的气体流入，
沉降到白矮星上。

白矮星中心温度升高，
开始进行剧烈的核聚变反应，
并引起超新星爆发。

※ 超新星还有 Ib、Ic 和 II 型，每种超
　新星的光谱（p182）都各不相同。

Ia 型超新星能作为"测量距离的标尺"吗？

目前，科学家们已经确定，Ia 型超新星的"最大亮度（绝对星等）均相同"。
也就是说，看起来越暗的 Ia 型超新星，距离地球就越远。根据这一性质，
就可以判断出 Ia 型超新星所在的星系与地球之间的距离。

利用 Ia 型超新星，
能够测量到数十亿
光年远的星系的距
离哦。

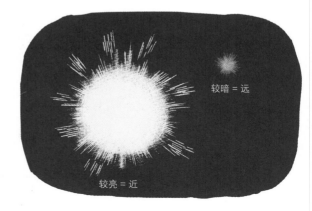

较暗 = 远

较亮 = 近

塔利－费希尔关系

Tully–Fisher relation

塔利－费希尔关系是"旋涡星系的光度（绝对星等）跟星系自转速度的4次方成正比"的公式。利用这个公式，就能计算出远方旋涡星系与地球之间的距离。

自转速度

根据旋涡星系的自转速度求出光度后，与地球观测的亮度（视星等）做对比，就能求出该星系到地球的距离。

和 Ia 型超新星一样，这种方法也能测到数十亿光年远的星系距离。

什么是"宇宙距离阶梯"？

利用周年视差法（p170）、赫罗图（p154）、造父变星（p174）、Ia型超新星、塔利－费希尔关系等，按照由近至远的顺序，像搭梯子一样一步步测出地球到各天体之间的距离，这就是"宇宙距离阶梯"。

周年视差法　近处的天体（数百光年）

赫罗图　银河系内的天体

造父变星　银河系内的天体

Ia 超新星 塔利－费希尔关系　6000万光年以内的星系

红移（下一页）　数十亿光年以内的星系

更远方的星系

一步步搭出一个阶梯。

红移

Redshift

红移是指天体远离地球时发出的光波长变长的现象。如果以太阳发出的黄光为中心，红光比黄光的波长长一些，发生红移现象时光谱上的谱线是向红光方向移动的，所以被称为红移。

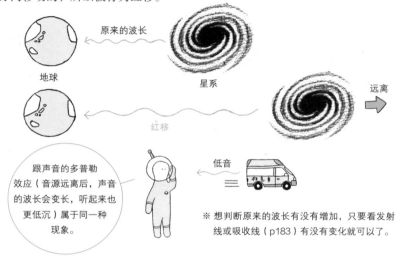

原来的波长

地球

星系

远离

红移

低音

跟声音的多普勒效应（音源远离后，声音的波长会变长，听起来也更低沉）属于同一种现象。

※ 想判断原来的波长有没有增加，只要看发射线或吸收线（p183）有没有变化就可以了。

用红移测量更远处星系的距离

宇宙一直在膨胀（p232），所以离地球越远的星系，远离的速度越快。知道这个性质后，我们便可以利用星系的远离速度推测出地球到星系的距离。星系远离的速度越快，发出的光波长变化越大，只要观测出星系发出光的红移数值，就知道该星系距地球有多远了。

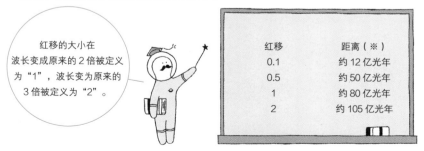

红移的大小在波长变成原来的 2 倍被定义为 "1"，波长变为原来的 3 倍被定义为 "2"。

红移	距离（※）
0.1	约 12 亿光年
0.5	约 50 亿光年
1	约 80 亿光年
2	约 105 亿光年

※ 超过 10 亿光年的"宇宙学距离"，有"光度距离"和"共动距离"等几种距离定义法，即使红移数值相同，每种定义法中距离的数值也大相径庭。所以一般不对距离（光年）进行换算，而是用红移值或红移对应的宇宙年龄来表示。上述图表中列出的距离数值只是大概值。

类星体

Quasar

类星体是距地球数十亿光年以上的遥远天体，它看起来像恒星一样只是一个个"点"，但却能释放强光或射电波。Quasar 是 quasi-stellar 的缩写。

类星体

红移(大)

我们推测类星体在很遥远的地方，是因为它的红移值很大。

距离地球数十亿光年的恒星发出的光，无法传到地球上。

地球

类星体到底是什么？

科学家们认为，类星体是遥远的年轻星系的中心部（被称为**活动星系核**）。这些星系的中心部都有一个超大质量黑洞，而黑洞周围会释放很强的光或射电波。

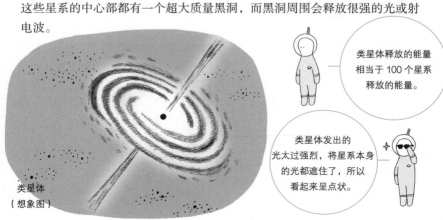

类星体释放的能量相当于 100 个星系释放的能量。

类星体发出的光太过强烈，将星系本身的光都遮住了，所以看起来呈点状。

类星体
（想象图）

09

威廉·赫歇尔

公元 1738 年—公元 1822 年

赫歇尔生于德国，后来迁居英国。他既是出色的作曲家和双簧管演奏家，又是著名的天文学家。赫歇尔因个人爱好开始了天体观测，他发现了天王星（p096），还研究星星分布并确定了银河系（p199）的结构。红外线（p284）也是赫歇尔发现的。

10

爱因斯坦

公元 1879 年—公元 1955 年

爱因斯坦生于德国，是著名的物理学家，26 岁时就发表了狭义相对论（p272）并颠覆了物理学的常识。之后，他又花了 10 年时间研究出了新的引力理论——广义相对论（p274）。大爆炸宇宙论（p236）、引力波（p288）和引力透镜（p218）都是在广义相对论的基础上推断而来，从这一点不难看出爱因斯坦多么伟大。

第 **6** 章

宇宙的历史

宇宙学

Cosmology

宇宙学 是天文学的一个分支，它主要研究宇宙的整体构造和运动方式，还有宇宙的历史和起源等。像"宇宙有边界吗"和"宇宙有开始和终结吗"这类与整个宇宙相关的问题，都属于宇宙学的范畴。

基督教中的
"上帝创造天地"

日本古事记中的
"创世神话"

印度教中
"创造宇宙的鼓"

用科学的语言说明
宗教和神话故事中的宇宙 =
这个世界的形成过程，就是
现代宇宙学。

奥伯斯佯谬

Olbers' paradox

奥伯斯佯谬由 19 世纪德国天文学家奥伯斯提出。它的具体内容是："如果夜空的星星都有跟太阳一样的亮度，且均匀地分布在无限的宇宙中，那么夜空将被星星填满，甚至比白天还要亮"。

夜空应该被无数的星星填满，甚至比白天还亮啊！

奥伯斯

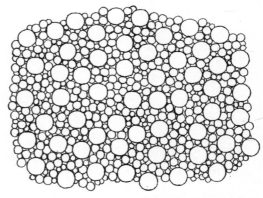

※ 星星的视亮度跟距离的平方成反比，也就是越远的星星看起来越暗。但如果宇宙中的星星是均匀分布的，那么星星的数量应该跟距离的立方成正比，也就是说距离地球越远星星就越多。所以虽然远处的星星看起来比较暗，但数量会越来越多，光的总量应该增加才对。

怎样解释奥伯斯佯谬？

我们居住的宇宙是不断膨胀的，这一点将在下一页详细说明。宇宙会膨胀，就意味着过去的宇宙曾经收缩过，也就是说宇宙有"起点"。由此可以推断，宇宙从开始到现在的时间是有限的，所以我们只能看到地球附近的星星（远方星星的光还没有传到地球），这就是夜空黑暗的原因。而且，由宇宙膨胀引起的红移（p226）会将远方星光（可见光）的波长拉长到红外线的波段，人的眼睛看不到红外线，所以夜空是黑暗的。

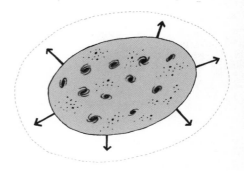

宇宙膨胀

Expanding universe

我们所处的宇宙在不断膨胀变大，这种现象被称为宇宙膨胀。膨胀的不只是宇宙的"边缘"，而是整个宇宙空间（＝我们所居住的整个空间）都像气球一样不断变大。

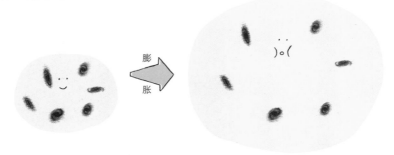

宇宙膨胀会导致太阳和地球的距离变远吗？

地球受到太阳的强引力作用，即使宇宙膨胀，地球和太阳之间的距离也不会变化。银河系的恒星之间也存在引力相互作用，当然也不会受到宇宙膨胀的影响。但距离较远的星系，就会因为宇宙膨胀而远离对方。

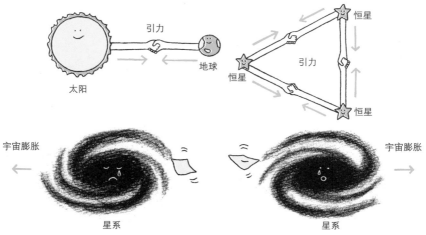

※ 属于同一个星系团（p031）中的星系，它们之间的引力能战胜宇宙膨胀。但一个星系跟处于另一个星系团中的星系，就会因为宇宙膨胀而慢慢远离。

爱因斯坦静态宇宙模型

Einstein's static universe

爱因斯坦静态宇宙模型是爱因斯坦（p228）在 1917 年提出的宇宙模型。爱因斯坦认为，虽然宇宙因星系或星系团等的引力而具有收缩趋势，但宇宙空间内存在一种未知的斥力，引力和斥力相抵消，所以宇宙的大小一直保持不变（静态）。

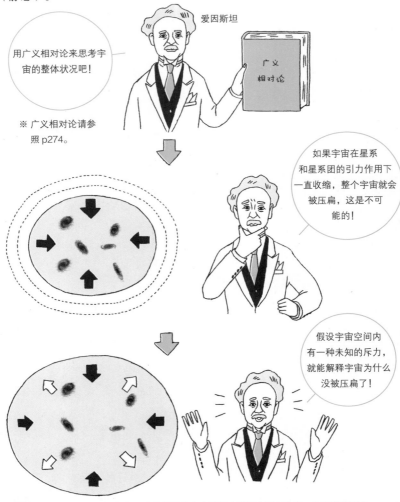

用广义相对论来思考宇宙的整体状况吧！

※ 广义相对论请参照 p274。

爱因斯坦

广义相对论

如果宇宙在星系和星系团的引力作用下一直收缩，整个宇宙就会被压扁，这是不可能的！

假设宇宙空间内有一种未知的斥力，就能解释宇宙为什么没被压扁了！

※ 在爱因斯坦的时代（20 世纪初），人们都认为宇宙既不会膨胀也不会收缩，永远保持不变。

哈勃定律

Hubble's law

哈勃定律由美国天文学家哈勃（p254）通过观测提出，其具体内容是"星系的退行速度跟距离成正比"。该定律为宇宙膨胀理论奠定了基础。

星系距离地球越远，远离速度越快。

哈勃

为什么哈勃定律能成为宇宙膨胀的证据？

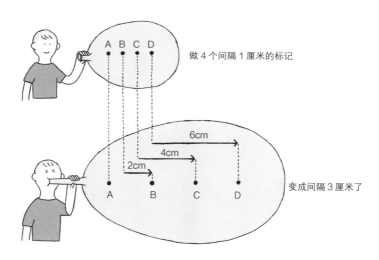

做 4 个间隔 1 厘米的标记

变成间隔 3 厘米了

吹气球时会发现，无论从哪个点看，都是离自己越远的点远离的距离越大（速度越快）。同理，离我们越远的星系，其退行速度越快，由此证明星系所在的宇宙正像气球一样不断膨胀。

爱因斯坦的理论错了吗?

爱因斯坦研究了哈勃定律后承认了宇宙的膨胀，并撤回自己提出的"静态宇宙模型"。然而，近些年的观测表明，宇宙中确实存在"未知的斥力"（p245）。

认为宇宙空间存在未知的斥力，是我一生中最大的错误。

哈勃常数

Hubble constant

哈勃常数是哈勃定律中表示宇宙膨胀速度（膨胀率）的比例系数。

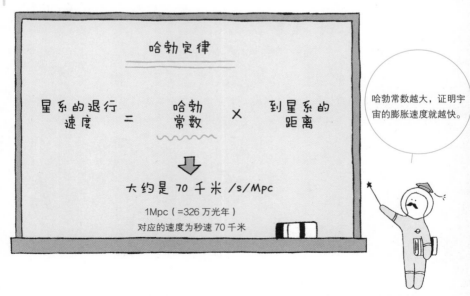

哈勃定律

星系的退行速度 ＝ 哈勃常数 × 到星系的距离

大约是 70 千米 /s/Mpc

1Mpc（=326 万光年）
对应的速度为秒速 70 千米

哈勃常数越大，证明宇宙的膨胀速度就越快。

※ 不同观测方法推出的哈勃常数也有所不同。精确地推算出哈勃常数，是现代宇宙学中最重要的课题之一。

大爆炸宇宙论

Big bang theory

大爆炸宇宙论是现代宇宙学中最具影响力的学说。它的主要内容是，宇宙原本是一个密度和温度都很高的"小火球"，不断膨胀后形成了现在的宇宙。这个理论由俄裔美国物理学家伽莫夫于 1948 年提出。

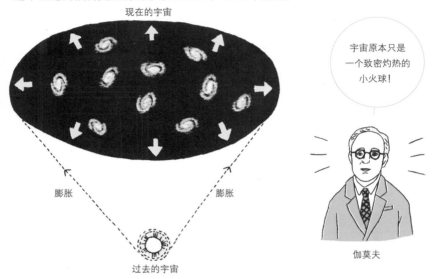

现在的宇宙

宇宙原本只是一个致密灼热的小火球！

膨胀　　　　　　　　　　膨胀

过去的宇宙

伽莫夫

早期的宇宙是一个"核聚变反应堆"吗？

现在宇宙中有很多像氢和氦这样较轻的元素。伽莫夫等科学家认为，这些较轻的元素是致密灼热的早期宇宙发生核聚变（p040）反应后形成的。

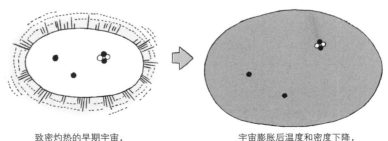

致密灼热的早期宇宙，
发生核聚变反应后
形成较轻的元素。

宇宙膨胀后温度和密度下降，
不再进行核聚变反应，
也就无法形成更重的元素。

※ 比氦重的元素的形成过程请参照 p257。

大爆炸宇宙论这个名字是反对者取的吗?

大爆炸宇宙论是英国物理学家霍伊尔调侃这个理论时的戏称。大爆炸宇宙论认为宇宙有"起点",这与传统的宇宙论相悖,所以刚提出时支持者非常少。

竟然说宇宙是因大爆炸形成的,真是荒谬!

霍伊尔

稳态宇宙论

Steady state cosmology

稳态宇宙论是霍伊尔等科学家在 1948 年提出的理论。它的主要内容是,虽然宇宙在不断膨胀,但总有新的星系(物质)从真空中诞生,来填补膨胀产生的空间,所以宇宙会一直保持一定的密度和温度。稳态宇宙论跟大爆炸宇宙论的观点相悖。

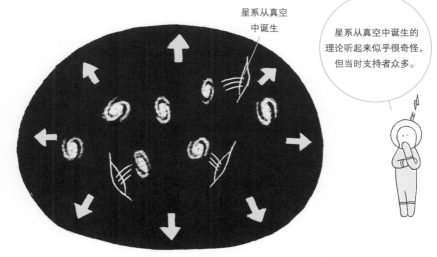

星系从真空中诞生

星系从真空中诞生的理论听起来似乎很奇怪,但当时支持者众多。

宇宙微波背景

Cosmic microwave background

宇宙微波背景（也叫宇宙背景辐射）是散布于整个宇宙空间的微波（射电波的一种），这些微波的波长和强度都是一样的，而且会 24 小时不间断地发出。由通讯公司的工程师威尔逊和彭齐亚斯于 1964 年无意中发现。

微波

普通的射电波和微波，只有用天线对准发射源时才能接收到。

从宇宙各方向 24 小时不间断传来的微波，到底是什么？

彭齐亚斯　　　　　威尔逊

充满谜团的微波原来是"大爆炸时产生的光子"！

提出大爆炸宇宙论的伽莫夫曾预言说，过去的超高温宇宙释放的光因为宇宙膨胀导致波长变长，最后以射电波或微波的形式遗留到现在的宇宙中。威尔逊和彭齐亚斯发现的微波就是大爆炸遗留的光子。

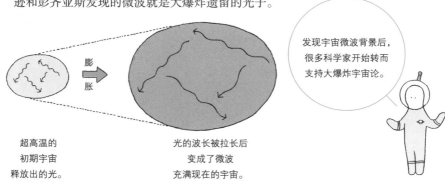

发现宇宙微波背景后，很多科学家开始转而支持大爆炸宇宙论。

膨胀

超高温的
初期宇宙
释放出的光。

光的波长被拉长后
变成了微波
充满现在的宇宙。

宇宙复合

Recombination

宇宙刚诞生时是灼热且"不透明"的，后来慢慢膨胀导致温度降低，整个宇宙空间变得"澄清透明"，光子也能自由移动了，这个过程被称为**宇宙复合**。宇宙诞生约 38 万年后才复合，当时产生的光子后来变成了宇宙微波背景。

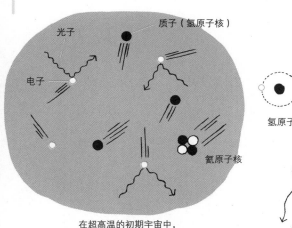

在超高温的初期宇宙中，
电子能脱离原子核自由移动
（"等离子体"态），
光子因不断撞击电子，无法直线前进，
所以说宇宙是"不透明的"。

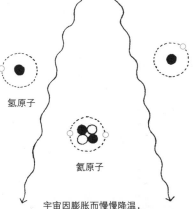

宇宙因膨胀而慢慢降温，
降到绝对温度 3 000℃以下时，
原子核开始束缚电子，
从而形成原子，光子不再撞击电子，
就能直线前进了。

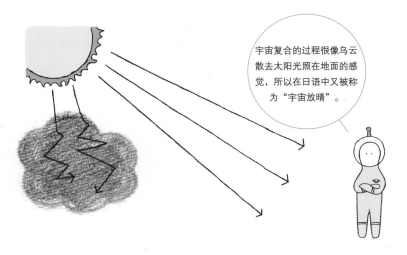

宇宙复合的过程很像乌云散去太阳光照在地面的感觉，所以在日语中又被称为"宇宙放晴"。

暴胀理论

Inflation theory

暴胀理论是跟宇宙历史相关的理论，该理论认为，在宇宙诞生后的一瞬间，整个空间以指数倍的形式膨胀起来。这一理论由日本科学家佐藤胜彦和美国科学家固斯两人分别于 1980 年提出。

原来的理论	暴胀理论

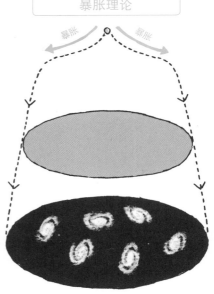

宇宙一直持续进行减速膨胀
（膨胀率降低的膨胀）。

宇宙诞生后马上进行加速膨胀
（膨胀率增加的膨胀），
之后再转为减速膨胀。

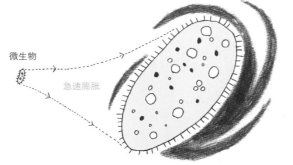

微生物

急速膨胀

当时的暴胀就像微生物
在一瞬间变成一个星系
一样。

※ 据说，在暴胀前宇宙只有基本粒子那么大，所以暴胀后的宇宙也只有
数十厘米而已。

暴胀理论解决了很多让人困惑已久的难题

宇宙曲率（p250）为何几乎为零的"平坦性问题"、为何两个远离到无法交换信息的宇宙区域却有相同性质的"视界问题"等宇宙学难题，是大爆炸宇宙论无法解释的。暴胀理论出现后，这些难题得到了解答。

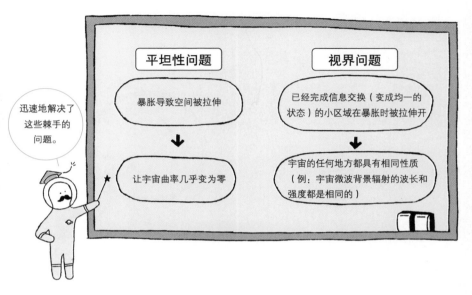

迅速地解决了这些棘手的问题。

平坦性问题

暴胀导致空间被拉伸

↓

让宇宙曲率几乎变为零

视界问题

已经完成信息交换（变成均一的状态）的小区域在暴胀时被拉伸开

↓

宇宙的任何地方都具有相同性质（例：宇宙微波背景辐射的波长和强度都是相同的）

暴胀是引起大爆炸的原因！

据科学家们猜测，暴胀让宇宙加速膨胀的能量转化成庞大的热能，将整个宇宙加热到超高温状态并引起大爆炸。也就是说，暴胀是导致大爆炸的原因。

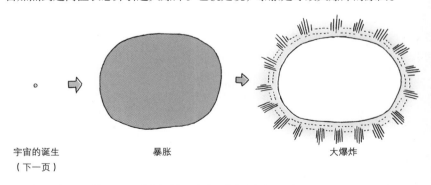

宇宙的诞生
（下一页）

暴胀

大爆炸

※ 有时大爆炸这个词等同于"宇宙的起点"，但在现代宇宙学中，宇宙诞生后马上发生了暴胀，暴胀结束时才被加热至超高温（也就是大爆炸）。

宇宙从无中诞生

Quantum creation of the universe from a quantum vacuum

宇宙从无中诞生是一个有关宇宙诞生的假说，它认为宇宙是从量子论（揭示微观世界基本规律的理论→ p276）的"无（量子真空）"中诞生的。这个理论由乌克兰裔物理学家亚历山大·维连金于 1982 年提出。

量子论中的"无"

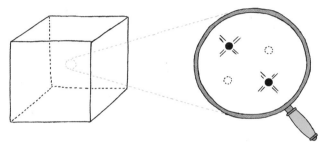

我们所认为的（宏观世界中）"真空"或"无"是没有任何物质的状态。

如果能观察微观世界，就会发现假想的微粒子在不断产生和消逝（切换于有、无之间）。

维连金所说的"宇宙诞生"

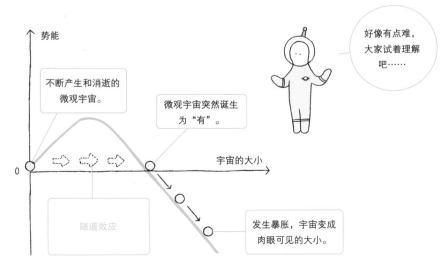

好像有点难，大家试着理解吧……

势能

不断产生和消逝的微观宇宙。

微观宇宙突然诞生为"有"。

0

宇宙的大小

隧道效应

发生暴胀，宇宙变成肉眼可见的大小。

无边界设想

Hartle–Hawking boundary condition

无边界设想（哈特尔–霍金的无边界条件）认为宇宙不是从"1点"，而是从"光滑连续"的状态中诞生。这个理论由美国物理学家哈特尔和英国物理学家霍金于1982年提出。

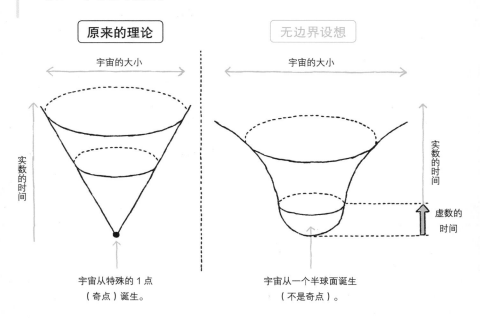

原来的理论

宇宙的大小

实数的时间

宇宙从特殊的1点（奇点）诞生。

无边界设想

宇宙的大小

实数的时间

虚数的时间

宇宙从一个半球面诞生（不是奇点）。

※ 奇点（p168）的温度和密度是无限大的，而且在奇点所有的物理法则都不成立，所以宇宙不可能从奇点诞生。

有关宇宙的起源还有很多未解之谜，许多科学家都致力于这项研究。

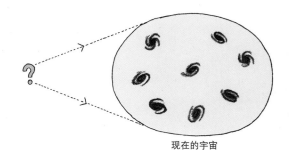

现在的宇宙

宇宙加速膨胀

Accelerating universe

宇宙加速膨胀是宇宙膨胀速度越来越快的现象，它于 1998 年被发现。以前，科学家普遍认为，星系等宇宙物质的引力会起到刹车作用，让宇宙膨胀速度减慢。这个宇宙加速膨胀的理论给当时的学界带来了很大的冲击。

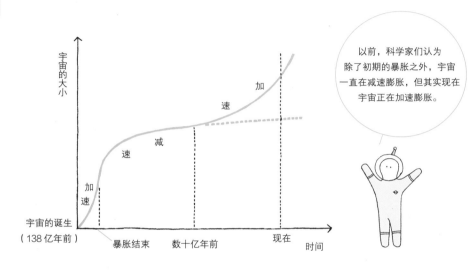

以前，科学家们认为除了初期的暴胀之外，宇宙一直在减速膨胀，但其实现在宇宙正在加速膨胀。

抛向空中的球会加速上升吗？

如果抛向空中的球不下落反而加速上升，大家一定会吓一跳吧！同理，宇宙的膨胀也是在原本应该减速的时候突然加速，这种现象很不可思议。

太不可思议了！

暗能量
Dark energy

暗能量是一种未知的能量，据说它就是施加斥力让宇宙加速膨胀的"犯人"。至于它到底是什么，科学家们还没有头绪。

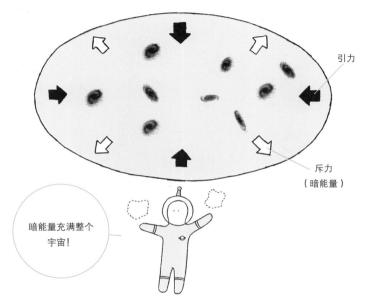

引力

斥力
（暗能量）

暗能量充满整个宇宙！

宇宙的 95% 都是未知的！

宇宙的构成要素中由重子（质子、中子等）形成的物质只占 5% 左右。剩下的是暗物质（p216）和暗能量，也就是未知的物质和能量。

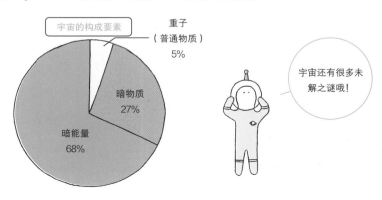

宇宙的构成要素

重子
（普通物质）
5%

暗物质
27%

暗能量
68%

宇宙还有很多未解之谜哦！

膜宇宙论

Brane cosmology

膜宇宙论认为，我们所知的四维时空（三维空间 + 一维时间）宇宙，是漂浮在更高维度时空中的膜。这是一个全新的宇宙理论。

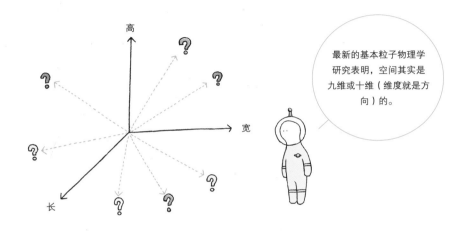

最新的基本粒子物理学研究表明，空间其实是九维或十维（维度就是方向）的。

为什么我们只能认识三维空间？

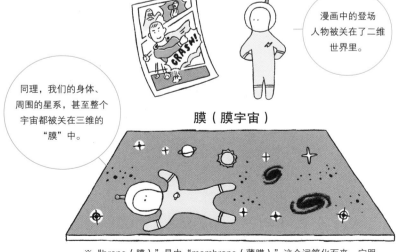

漫画中的登场人物被关在了二维世界里。

同理，我们的身体、周围的星系，甚至整个宇宙都被关在三维的"膜"中。

膜（膜宇宙）

※ "brane（膜）"是由"membrane（薄膜）"这个词简化而来，它跟"brain（脑）"没有任何关系。

只有引力能脱离膜吗?

我们可以在三维的膜中移动,但却无法脱离这个膜进入其他看不见的维度(称之为额外维度)。但科学家们推测,引力可以脱离三维膜并传到额外维度。

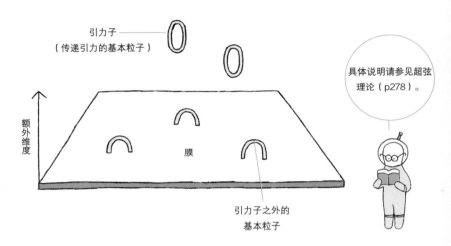

引力子
(传递引力的基本粒子)

具体说明请参见超弦理论(p278)。

额外维度

膜

引力子之外的
基本粒子

可以用"引力波"证实额外维度的存在吗?

超新星爆发时会产生引力波(时空弯曲中的涟漪,通过波的形式向外传播→ p288)。引力波能传到额外维度,所以只要详细观测引力波的动向,也许就能确定额外维度的存在。

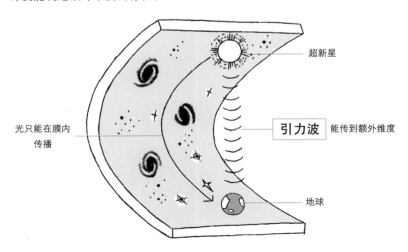

超新星

光只能在膜内
传播

引力波 能传到额外维度

地球

多重宇宙

Multiverse

多重宇宙是指"多个宇宙"。也就是说，我们生活的宇宙不是唯一的，而是有多个。这个新的宇宙理论近些年在研究者之间非常盛行。

有些科学家认为，宇宙的数量有 10^{200} ～ 10^{500} 那么多哦！

膜宇宙的多重宇宙模型

我们无法观测到的额外维度是一个紧致的团状流形（**卡拉比 - 丘流形**），从中会伸出刺状的管颈，管颈连接我们所在的宇宙（膜宇宙）。高维时空存在多个管颈，这些管颈也会与其他膜宇宙相连。

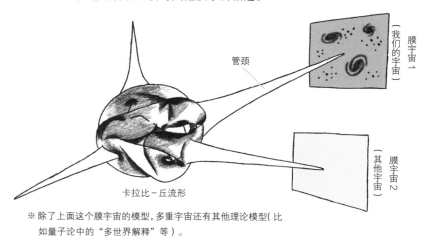

管颈

（我们的宇宙）膜宇宙 1

（其他宇宙）膜宇宙 2

卡拉比 - 丘流形

※ 除了上面这个膜宇宙的模型，多重宇宙还有其他理论模型（比如量子论中的"多世界解释"等）。

火劫宇宙模型

Ekpyrotic universe

如果同一个管颈连接了多个膜宇宙，膜宇宙之间就会碰撞→回弹→膨胀，然后重复这一过程，这个假说就是**火劫宇宙模型**，它由美国物理学家**斯泰恩哈特**等人提出。

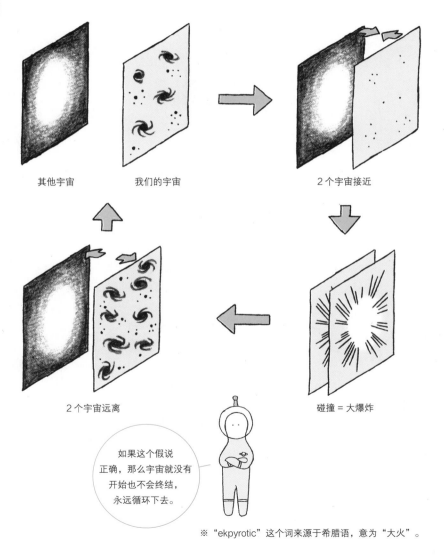

其他宇宙　　　我们的宇宙

2 个宇宙接近

2 个宇宙远离

碰撞 = 大爆炸

如果这个假说
正确，那么宇宙就没有
开始也不会终结，
永远循环下去。

※ "ekpyrotic" 这个词来源于希腊语，意为 "大火"。

宇宙曲率

Curvature of the universe

宇宙曲率是表示宇宙（时空）"弯曲程度"的值。曲率值取决于宇宙内部物质和能量的量。

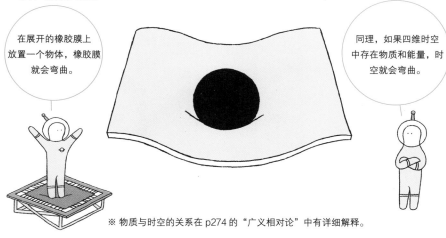

在展开的橡胶膜上放置一个物体，橡胶膜就会弯曲。

同理，如果四维时空中存在物质和能量，时空就会弯曲。

※ 物质与时空的关系在 p274 的 "广义相对论" 中有详细解释。

宇宙曲率和 "临界值"

如果宇宙中的物质和能量超过一定数值（我们称之为临界值），宇宙曲率即为正值。如果比临界值少，曲率则为负值。当与临界值相同时，曲率为零。

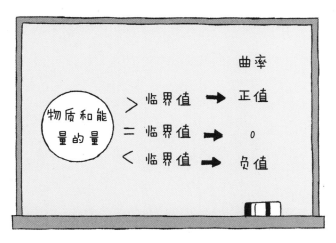

通过观测，我们得知宇宙曲率接近于 0。

宇宙有"平坦""闭合""开放"三种形态吗?

曲率为零的宇宙被称为"平坦宇宙"。如果将平坦宇宙转换为二维,就相当于一个"平面"。曲率为正值、负值的宇宙分别被称为"闭合宇宙"和"开放宇宙"。如果转换为二维,闭合宇宙相当于一个"球面",开放宇宙则像"马鞍"一样。

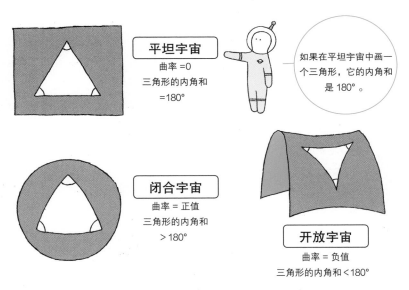

平坦宇宙
曲率 =0
三角形的内角和
=180°

如果在平坦宇宙中画一个三角形,它的内角和是 180°。

闭合宇宙
曲率 = 正值
三角形的内角和
> 180°

开放宇宙
曲率 = 负值
三角形的内角和 <180°

宇宙曲率会影响宇宙的未来吗?

闭合宇宙中,物质和能量的引力会让宇宙停止膨胀,然后开始收缩。相反,平坦宇宙和开放宇宙的物质和能量无法让膨胀停止,宇宙将不断膨胀下去。

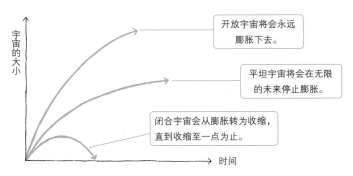

宇宙的大小

开放宇宙将会永远膨胀下去。

平坦宇宙将会在无限的未来停止膨胀。

闭合宇宙会从膨胀转为收缩,直到收缩至一点为止。

时间

※ 上述图表没有算上暗能量等的影响,只是一个单纯的模型。

大挤压

Big crunch

大挤压是有关宇宙终结的假说之一，它认为宇宙将会停止膨胀并开始收缩，最后坍缩为一点。

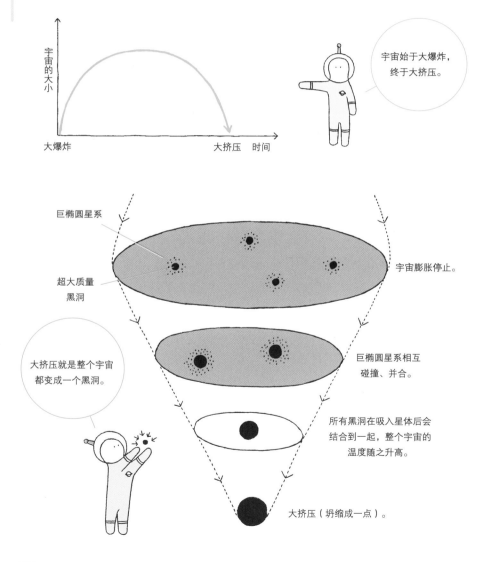

宇宙的大小

大爆炸　　　　　大挤压　时间

宇宙始于大爆炸，终于大挤压。

巨椭圆星系

超大质量黑洞

宇宙膨胀停止。

大挤压就是整个宇宙都变成一个黑洞。

巨椭圆星系相互碰撞、并合。

所有黑洞在吸入星体后会结合到一起，整个宇宙的温度随之升高。

大挤压（坍缩成一点）。

大撕裂

Big rip

大撕裂也是有关宇宙终结的假说之一，它认为宇宙的膨胀速度将会急速增加，包括星系、恒星和我们身体在内的物质都会被撕裂并变成基本粒子。

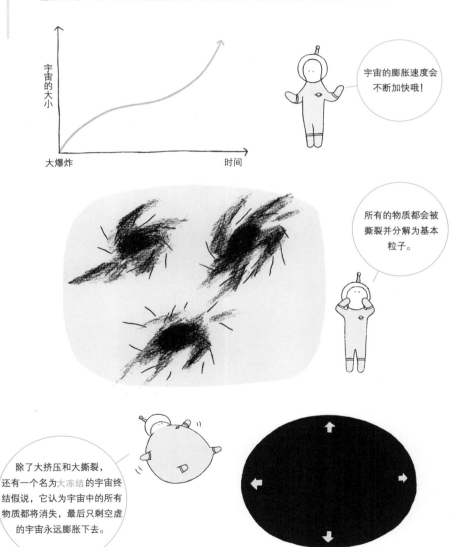

宇宙的大小

大爆炸　　　　　　　　　　时间

宇宙的膨胀速度会不断加快哦！

所有的物质都会被撕裂并分解为基本粒子。

除了大挤压和大撕裂，还有一个名为大冻结的宇宙终结假说，它认为宇宙中的所有物质都将消失，最后只剩空虚的宇宙永远膨胀下去。

11

哈勃

公元 1889 年—公元 1953 年

美国天文学家哈勃用当时世界最大口径的 2.5 米反射望远镜观测到仙女座大星云（p209），证明了除银河系之外还存在别的星系。在观测了很多星系的运动和距离之后，他提出了著名的哈勃定律（p234）。后来哈勃定律成为了宇宙膨胀（p232）的证据。

12

伽莫夫

公元 1904 年—公元 1968 年

俄裔美国物理学家伽莫夫认为，宇宙中存在的大量氢和氦等轻元素是在"灼热致密的初期宇宙发生核聚变时形成的"，这就是著名的大爆炸宇宙论。后来科学家们发现了伽莫夫预言的宇宙微波背景（p238），证明了大爆炸宇宙论的正确性。

第 7 章

天文学相关的基础术语

元素

Element

我们身边的各种物质都由少数"基本成分"构成，这个基本成分被称为元素。
元素总共有 100 多种。

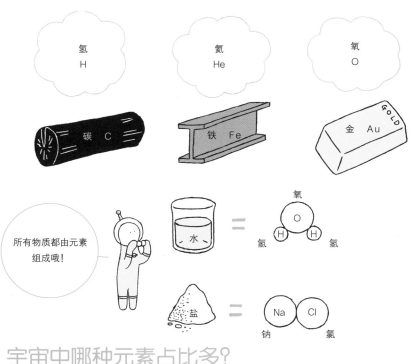

宇宙中哪种元素占比多？

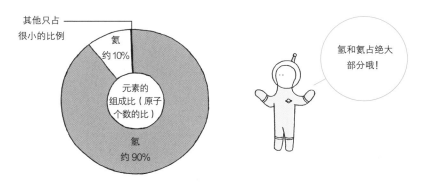

各种元素是如何诞生的呢？

最轻的氢元素、第二轻的氦元素，以及少量第三轻的锂元素，都在刚诞生的超高温初期宇宙中形成（p236）。剩余的锂元素和铍至铁之间的元素，都在恒星内部的核聚变中形成（p162）。以前的理论认为，比铁元素重的元素在超新星爆发时形成，但最近产生了新的有力假说——重元素在中子星（p024）并合时形成。

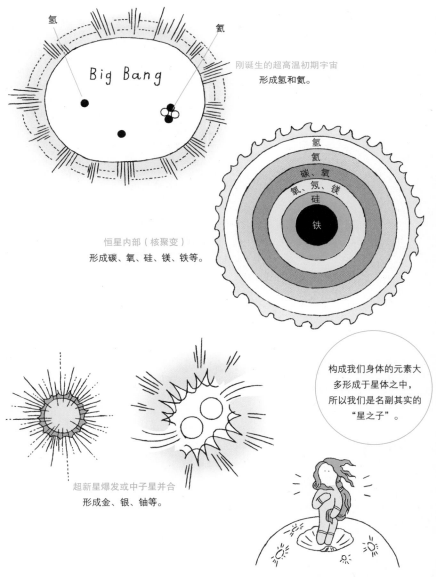

氢

氦

Big Bang

刚诞生的超高温初期宇宙

形成氢和氦。

恒星内部（核聚变）

形成碳、氧、硅、镁、铁等。

氢
氦
碳、氧
氧、氖、镁
硅
铁

超新星爆发或中子星并合

形成金、银、铀等。

构成我们身体的元素大多形成于星体之中，所以我们是名副其实的"星之子"。

原子

Atom

原子是一种微粒子，它是构成物质的"最小单位"。
元素是构成所有物质的"基本成分"，它的实体就是原子。

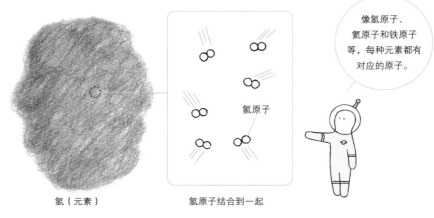

像氢原子、氦原子和铁原子等，每种元素都有对应的原子。

氢（元素）　　　　氢原子结合到一起

※ 实际是 2 个氢原子结合成 1 个氢分子。

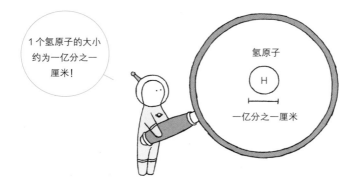

1 个氢原子的大小约为一亿分之一厘米！

氢原子

H

一亿分之一厘米

分子

Molecule

分子由原子组成，是具有各物质性质的最小粒子。比如 1 个水分子由 1 个氧原子和 2 个氢原子组成，它具有水的性质，但分成氧原子和氢原子后就会失去水的性质。也就是说，水的最小单位是水分子。

质子 / 中子 / 电子

Proton / Neutron / Electron

原子中心是带正电荷的原子核，外侧是带负电荷的电子。原子核由带正电荷的质子和不带电荷的中子组成。每个原子的质子数和电子数都是一致的，所以原子不带电。

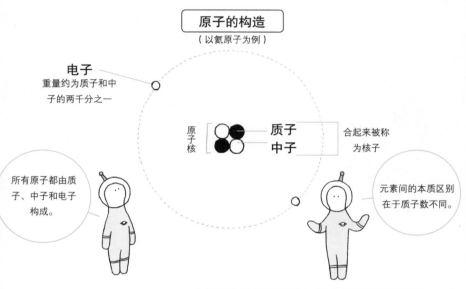

原子的构造

（以氦原子为例）

电子
重量约为质子和中子的两千分之一

原子核

质子
中子

合起来被称为核子

所有原子都由质子、中子和电子构成。

元素间的本质区别在于质子数不同。

※ 上面的构造图只是模式图，跟氦原子的实际构造有出入。

同位素

Isotope

同位素是质子数相同而中子数不同的同一元素的不同核素。同位素的中子数不同，所以它们的质量也不同，但化学性质却没有区别。

碳的同位素

碳 12
6 个质子
6 个中子

约 99%

碳 13
6 个质子
7 个中子

约 1%

夸克

Quark

夸克是构成质子和中子等粒子的基本粒子（终极微粒子）。

夸克有很多种，质子由 2 个上夸克和 1 个下夸克组成，而中子由 2 个下夸克和 1 个上夸克组成。

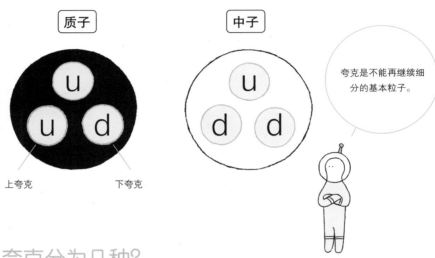

夸克是不能再继续细分的基本粒子。

夸克分为几种?

我们已知的夸克有六种。每两种为一组，被分为三代，质量由轻至重分别为第一代、第二代和第三代。

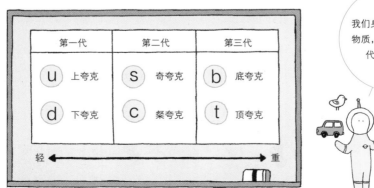

我们身边目之所及的物质，几乎都由第一代夸克组成。

中微子

Neutrino

中微子是基本粒子的一种，因为不带电荷而得名。中微子非常轻，也不会跟其他物质发生反应，它可以穿过任何物质，是一种像幽灵一样的基本粒子。

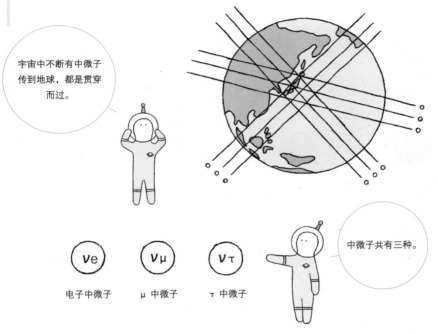

宇宙中不断有中微子传到地球，都是贯穿而过。

中微子共有三种。

ν_e　　　ν_μ　　　ν_τ

电子中微子　　μ 中微子　　τ 中微子

中微子能"变身"吗？

以前，科学家们一直认为中微子是质量为 0 的基本粒子。但超级神冈探测器（p167 神冈探测器的升级版）在实验中找到了中微子有质量的证据（中微子震荡现象），所以一直以来的常识就被推翻了。

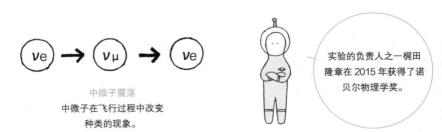

ν_e → ν_μ → ν_e

中微子震荡

中微子在飞行过程中改变种类的现象。

实验的负责人之一梶田隆章在 2015 年获得了诺贝尔物理学奖。

反粒子 / 反物质
Antiparticle / Antimatter

反粒子是指与某种粒子质量相同，但电荷符号相反的粒子。所有的基本粒子都有其对应的反粒子。由反粒子构成的物质被称为反物质。虽然我们的周围几乎不存在反粒子和反物质，但可以用加速器（p270）人工制造出它们。

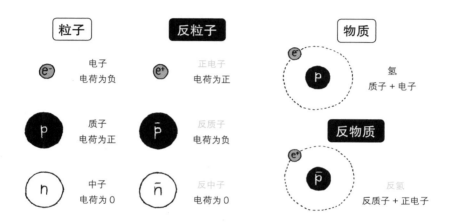

※ 反质子和反中子由 3 个反夸克（夸克的反粒子）组成。虽然中子和反中子的电荷都为 0，但反中子由反夸克构成，是中子的反粒子。

粒子和反粒子碰撞后会发生什么呢?

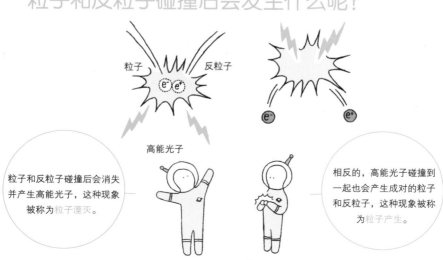

高能光子

粒子和反粒子碰撞后会消失并产生高能光子，这种现象被称为粒子湮灭。

相反的，高能光子碰撞到一起也会产生成对的粒子和反粒子，这种现象称为粒子产生。

反粒子到哪里去了呢?

科学家们认为，在发生大爆炸后的超高温初期宇宙中，高能光子互相撞击生成相同数量的粒子和反粒子，生成的粒子和反粒子一直反复碰撞并湮灭，然而，现在的宇宙中却只发现了由粒子构成的物质。

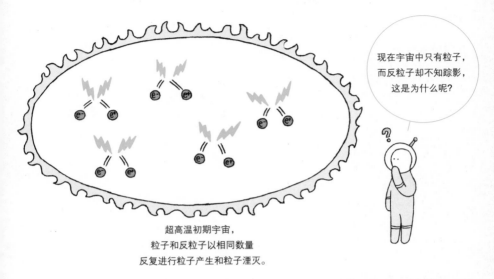

现在宇宙中只有粒子，而反粒子却不知踪影，这是为什么呢?

超高温初期宇宙，
粒子和反粒子以相同数量
反复进行粒子产生和粒子湮灭。

小林-益川理论

Kobayashi–Masukawa model

1973年，在日本京都大学任职的小林诚和益川敏英猜测，学界普遍认为只有三种的夸克其实有六种，如果真是如此，那么初期宇宙中粒子的数量就比反粒子多一些，这样就能解释为什么最后宇宙中只剩下粒子了。这个理论被称为小林-益川理论。他们二人于2009年获得诺贝尔物理学奖。

反粒子消失的原因至今还没完全弄清楚，现在还在持续进行研究中。

益川敏英　　　　小林诚

四大基本力

Four fundamental forces of nature

四大基本力（也叫基本相互作用）是在基本粒子之间作用的四种基本力（相互作用），分别为引力、强核力、弱核力和电磁力。自然界中存在的所有力，都能追溯到四大基本力中的某一种上。

引力

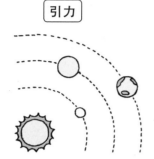

作用于所有物质间的引力，
行星的公转运动就是由太阳的引力引起。

电磁力

由电或磁产生的力，
物质的化学反应也由电磁力引起。

强核力

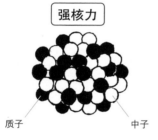

质子　　　　　　　　　　　中子

原子核内质子和中子结合的力
（确切说是夸克间的力）。

弱核力

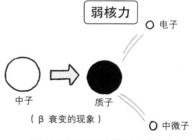

○ 电子

中子　　　　　　　质子

〔β 衰变的现象〕

○ 中微子

破坏基本粒子后形成其他基本粒子的力
〔确切说是让夸克和轻子（p266）种类
发生变化的力〕。

"强核力"和
"弱核力"，真是
奇怪的名字！

它们都是作用在
原子核里的力，只是一
种强一种弱，所以就如
此命名了。

传递力是基本粒子的工作吗?

在基本粒子相关的理论中，当基本粒子之间产生作用力时，力以基本粒子（统称为玻色子）为媒介交换。四大基本力都有对应的玻色子。

光子（Photon）
电磁力的媒介

弱玻色子
弱核力的媒介

胶子（Gluon）
强核力的媒介

引力子（Graviton）
引力的媒介

作为媒介的基本粒子中，只有引力子尚未被发现。

※ 光子（Photon）也指光（电磁波）的基本粒子。
※ 弱玻色子有两种，分别为 W 玻色子和 Z 玻色子。胶子有八种，每种的色荷都不同。

四大基本力原本是一种力吗?

科学家们认为，在超高温初期宇宙时，四大基本力是同一种力。后来随着宇宙膨胀和温度降低，一种力就分离成了四种力。

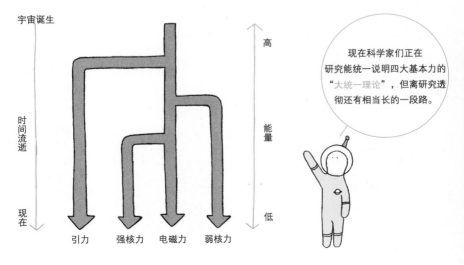

宇宙诞生

时间流逝

现在

高

能量

低

引力　强核力　电磁力　弱核力

现在科学家们正在研究能统一说明四大基本力的"大统一理论"，但离研究透彻还有相当长的一段路。

标准模型

Standard model

标准模型是现代粒子物理学中被认为"基本正确"的理论框架。标准模型主要描述了三种基本粒子，分别是构成物质的费米子、作为力之媒介的玻色子（p265）、赋予质量的希格斯玻色子。

标准模型中的基本粒子

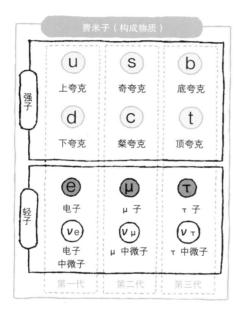

标准模型能解释有关基本粒子的所有问题吗？

标准模型不能充分解释引力相关的问题，而且也无法说明暗物质和暗能量到底是什么。所以现在科学家们正在寻求比标准模型更高一层的理论哦！

希格斯玻色子

Higgs boson

标准模型认为，所有基本粒子原本都没有质量，它们的质量由 希格斯玻色子 赋予。1964 年，英国物理学家希格斯和比利时物理学家恩格勒特预测了希格斯玻色子的存在，直到 2012 年希格斯玻色子才真正被发现，两人也因此获得了 2013 年的诺贝尔物理学奖。

希格斯玻色子赋予粒子质量的过程

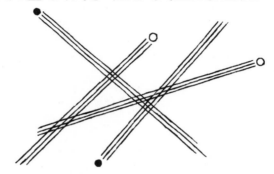

希格斯玻色子在初期宇宙的高温中"蒸发"了，所以基本粒子都以光速到处移动。

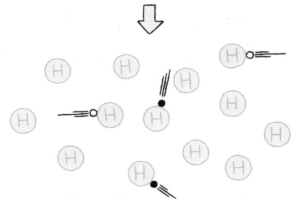

宇宙膨胀后温度下降，空间的性质发生改变（真空相变），
蒸发后的希格斯玻色子填满了空间，
基本粒子受到希格斯玻色子的阻碍，速度降到光速以下，
这就意味着基本粒子已经拥有质量。

※ 根据狭义相对论（p272）分析，有质量的粒子无法加速到光速，只有质量为零的光子才能以
光速运动。也就是说，速度降到光速以下的基本粒子已经拥有质量了。

超对称粒子

Supersymmetric particle

超对称粒子（SUSY 粒子）是标准模型（p266）中没有设想到的未知粒子。超对称理论认为，所有基本粒子都拥有"镜像"粒子（超对称伙伴），但目前还没有在自然界中发现这种现象。

标准模型中的基本粒子

费米子（普通粒子）

夸克

电子（Electron）　中微子

玻色子（普通粒子）

光子　W 玻色子　Z 玻色子

胶子　引力子

希格斯玻色子 (Higgs boson)

超对称粒子

超对称粒子超费米子（超对称伙伴）

超夸克

超电子（Selectron）　超中微子

超玻色子（超对称伙伴）

超光子　超 W 玻色子　超 Z 玻色子

超胶子　超引力子

超希格斯玻色子 (Higgsino)

超对称粒子的英文名字一般以"s"开头或以"ino"结尾。

SUSY 这个名字听起来很可爱呢。

超中性子

Neutralino

超中性子（或中性微子）是一种超对称粒子，它是暗物质（p216）的有力候选者，但至今尚未发现。

超中性子的英文名跟中微子（p261）很像，但却是完全不同的基本粒子哦！

超中性子
· 非常重
· 运动速度慢

超中性子也能穿透任何物体，是像幽灵一样的基本粒子。

※ 超中性子是由超 Z 玻色子、超光子、中性超希格斯玻色子混合而成的超对称粒子。

能捕获超中性子的 XMASS 实验装置就在超级神冈探测器（p261）的附近运转着哦！

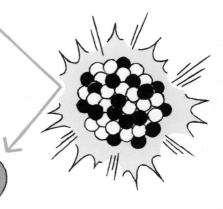

从宇宙中传来的超中性子，在很罕见的情况下，能跟液态氙中的氙原子核发生撞击并释放光芒，XMASS 检测的就是这种现象。

粒子加速器

Particle accelerator

粒子加速器是给电子或质子等注入能量并使其加速的实验装置。在基本粒子实验中使用的加速器能将粒子加速到接近光速，让这些粒子互相撞击，就能制造出罕见的基本粒子。

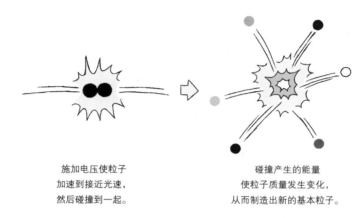

施加电压使粒子
加速到接近光速，
然后碰撞到一起。

碰撞产生的能量
使粒子质量发生变化，
从而制造出新的基本粒子。

电子伏特

Electron volt

电子伏特（eV）是能量单位。1 电子伏特表示电子在被施加 1 伏特电压后加速所得的能量。能量和质量相对应，所以有时也会用电子伏特当作基本粒子的质量单位。

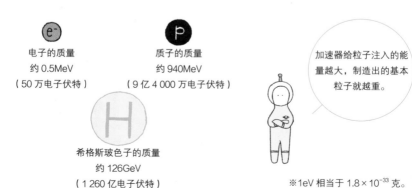

电子的质量
约 0.5MeV
（50 万电子伏特）

质子的质量
约 940MeV
（9 亿 4 000 万电子伏特）

加速器给粒子注入的能量越大，制造出的基本粒子就越重。

希格斯玻色子的质量
约 126GeV
（1 260 亿电子伏特）

※1eV 相当于 1.8×10⁻³³ 克。

大型强子对撞机

LHC（Large Hadron Collider）

LHC（大型强子对撞机）是 CERN（欧洲核子研究组织）建造的世界上最大的圆形加速对撞机。这台对撞机已经帮科学家们取得了很多科研成果，比如发现希格斯玻色子（p267）等。

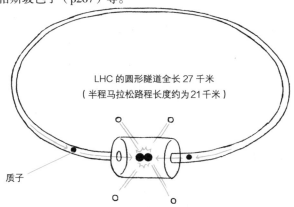

LHC 的圆形隧道全长 27 千米
（半程马拉松路程长度约为21千米）

质子

LHC 坐落于瑞士日内瓦郊外的地下，里面的圆形隧道全长约为 27 千米。
它能用超导磁体将质子加速到接近光速，
然后使其相互碰撞并借此制造出未知的基本粒子。

WANTED

★★★

SUSY

发现希格斯玻色子后，LHC 的下一个目标是发现超对称粒子（p268）。

LHC 能制造 14TeV（14 兆电子伏特）的超高能量状态，是能够再现大爆炸瞬间的装置。

Big Bang!

狭义相对论

Special relativity

爱因斯坦提出的相对论分为广义相对论和狭义相对论。先提出的狭义相对论揭示了一个颠覆常识的真理——物体运动时空间和时间的尺度会发生变化（时间的流逝变慢或行进方向的长度变短）。

相对论是揭示时间和空间性质的物理理论。

爱因斯坦

乘坐高速宇宙飞船遨游太空的人不会变老吗？

乘坐宇宙飞船，用接近光速的速度遨游太空。

以接近光速的速度运动时，时间的流逝会变得很慢，所以宇航员不会变老。

在科幻小说中，这种现象被称为"浦岛效应"。

光速无法被超越吗?

狭义相对论的理论基础是"光速不变原理"——真空中的光速（光速 c ≈ 秒速 30 万千米）对任何观察者来说都是相同的。而且任何运动都无法超越光速。

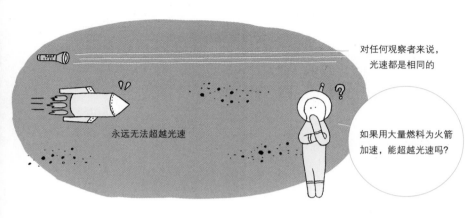

对任何观察者来说，
光速都是相同的

永远无法超越光速

如果用大量燃料为火箭
加速，能超越光速吗?

能量可以转化为质量吗?

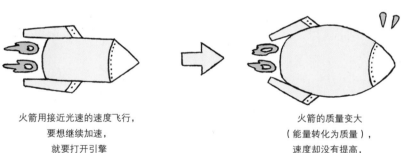

火箭用接近光速的速度飞行，
要想继续加速，
就要打开引擎
（注入能量）。

火箭的质量变大
（能量转化为质量），
速度却没有提高，
所以无法超越光速。

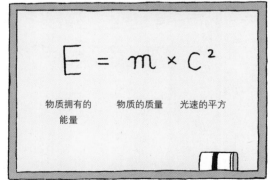

$$E = m \times c^2$$

物质拥有的　　物质的质量　　光速的平方
能量

拥有质量的物质中蕴
含着巨大的能量。

广义相对论

General relativity

广义相对论是将以前的万有引力定律（牛顿的引力理论）和狭义相对论结合后得出的理论。广义相对论认为，有物质存在的时空（将时间和空间当成一个概念）会弯曲，而物质沿时空弯曲运动的现象就是引力引起的运动。

VS

对原来的理论进行一些改动吧！

牛顿的引力理论（万有引力定律）

引力传递的时间为零（也就是以无限大的速度传递）。

狭义相对论

任何运动都无法超越光速。

有物质存在时空就会弯曲吗？

橡胶膜（代表时空）

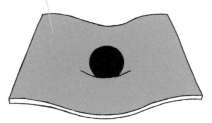

在很薄的橡胶膜（＝时空）上放一个球（物质），橡胶膜会弯曲。

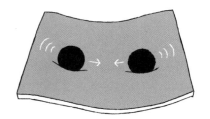

将两个球分开放置，它们会沿橡胶膜的弯曲移动并靠近彼此。

这就是引力作用的原理。

※ 曲率（p250）表示时空弯曲的程度。

在引力很强的地方，时间流逝会变慢吗？

广义相对论认为，在引力很强的地方，时间的流逝会变慢。越远离地心，地球的引力就越小，如果将两块表分别放在地面和空中，空中的表要比地面的快一些。

快

慢

地表受到的引力更强，所以时间流逝也会慢一些。

GPS 是根据相对论修正时间的吗？

在距离地表约 2 万千米的高空，有数个 GPS 卫星以秒速 4 千米左右的速度绕地球飞行，它们会向地球传送电波，让人们知晓自己当前的位置，这个系统被称为 GPS（全球定位系统）。GPS 卫星上携带的原子钟（非常精确的时钟），都根据相对论调整过时间。

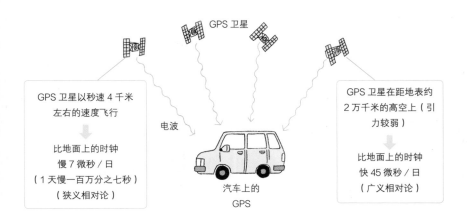

GPS 卫星

GPS 卫星以秒速 4 千米
左右的速度飞行

↓

比地面上的时钟
慢 7 微秒／日
（1 天慢一百万分之七秒）
（狭义相对论）

电波

GPS 卫星在距地表约
2 万千米的高空上（引
力较弱）

↓

比地面上的时钟
快 45 微秒／日
（广义相对论）

汽车上的
GPS

将上述两种因素的影响结合起来，
GPS 卫星上的原子钟要比地面上的时钟快 38 微秒／日。

量子论
Quantum theory

量子论是微观世界的物理法则。微观世界（比原子还小的世界）跟我们肉眼所见的宏观世界不同，它是被奇妙的物理法则支配的世界。将这些物理法则整理到一起，就是所谓的量子论。

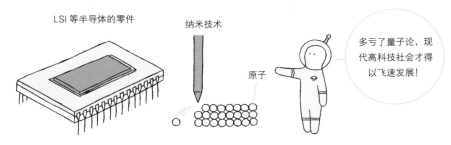

LSI 等半导体的零件

纳米技术

原子

多亏了量子论，现代高科技社会才得以飞速发展！

※ 相对论基本上由爱因斯坦一人提出，但量子论却是普朗克、玻尔、德布罗意、海森伯、薛定谔、波恩等众多物理学家的研究成果。

微观物质既是粒子，也是波吗？

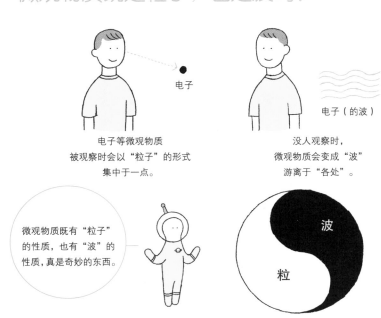

电子

电子等微观物质被观察时会以"粒子"的形式集中于一点。

电子（的波）

没人观察时，微观物质会变成"波"游离于"各处"。

微观物质既有"粒子"的性质，也有"波"的性质，真是奇妙的东西。

波

粒

微观物质的未来要靠掷骰子决定吗?

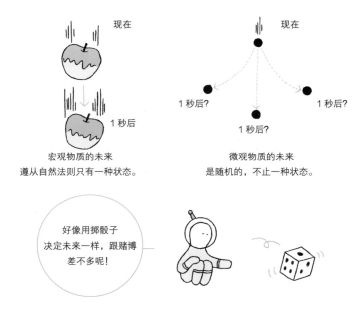

现在

宏观物质的未来
遵从自然法则只有一种状态。

1 秒后

现在

1 秒后?

1 秒后?

1 秒后?

微观物质的未来
是随机的,不止一种状态。

好像用掷骰子
决定未来一样,跟赌博
差不多呢!

微观世界的一切都是摇摆不定的吗?

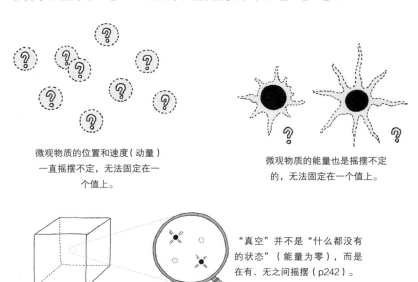

微观物质的位置和速度(动量)
一直摇摆不定,无法固定在一
个值上。

微观物质的能量也是摇摆不定
的,无法固定在一个值上。

"真空"并不是"什么都没有
的状态"(能量为零),而是
在有、无之间摇摆(p242)。

量子引力理论
Quantum gravity theory

量子引力理论是将广义相对论和量子论结合在一起的未完成理论。它既可以说是"将量子论的理念应用到引力上",也可以说是"时空相关的量子论"。要想解开宇宙起源之谜,必须先完成量子引力理论。

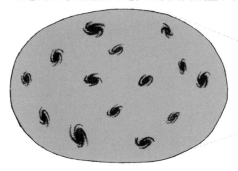

宇宙的膨胀要用广义相对论来解释

要想完全理解从微观大小诞生的宇宙,一定要研究好由广义相对论+量子论构成的量子引力理论。

超弦理论
Superstring theory

超弦理论是量子引力理论的有力候选者之一。将"弦理论"和超对称理论（p268）结合在一起,就是所谓的超弦理论。

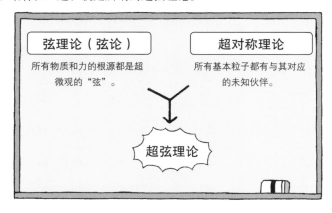

弦理论（弦论）	超对称理论
所有物质和力的根源都是超微观的"弦"。	所有基本粒子都有与其对应的未知伙伴。

超弦理论

"弦"是最基本的构成单位吗?

超弦理论认为,自然界中最基本的构成单位并不是点状的粒子,而是长度极小的一维"弦"。弦向各个方向(维度)振动,就能变成各种各样的基本粒子。要想变成现在已知的数十种基本粒子,空间维度必须有九至十维(p246)。

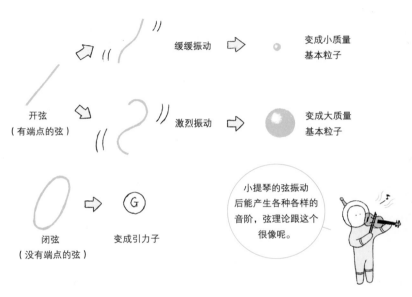

缓缓振动 ⇒ 变成小质量基本粒子

开弦
(有端点的弦)

激烈振动 ⇒ 变成大质量基本粒子

闭弦
(没有端点的弦)

变成引力子

小提琴的弦振动后能产生各种各样的音阶,弦理论跟这个很像呢。

弦的端点上粘着"膜"吗?

弦的端点上一定会粘着被称为膜(p246)的能量集合体,开弦无法离开膜,闭弦却能离开膜。引力子由闭弦形成,所以只有引力能传到膜外。

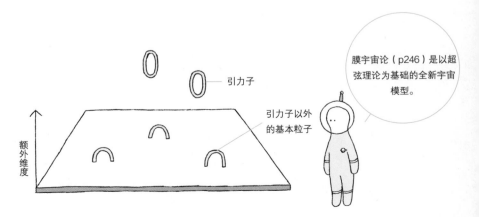

引力子

引力子以外的基本粒子

额外维度

膜宇宙论(p246)是以超弦理论为基础的全新宇宙模型。

电磁波

Electromagnetic wave

电磁波是由电场与磁场在空间中衍生发射的粒子波，是以波动形式传播的电磁场，所以被称为电磁波。电磁波根据波长（从波的一个至高点"波峰"到下一个波峰的长度）被细分为射电波（无线电）、红外线、光（可见光）、紫外线、X 射线、γ 射线（伽马射线）等几种。

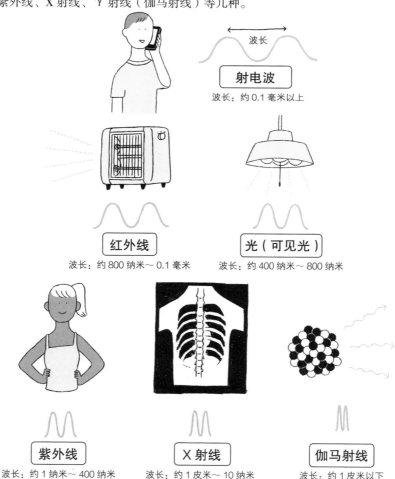

波长

射电波

波长：约 0.1 毫米以上

红外线

波长：约 800 纳米～ 0.1 毫米

光（可见光）

波长：约 400 纳米～ 800 纳米

紫外线

波长：约 1 纳米～ 400 纳米

X 射线

波长：约 1 皮米～ 10 纳米

伽马射线

波长：约 1 皮米以下

※ 各电磁波的波长范围划得并不严格，存在互相重叠的部分。

※ 上图中各电磁波的波长跟实际的比例有差异。

※ 1 纳米（nm）是 1 毫米的一百万分之一，1 皮米（pm）是 1 毫米的十亿分之一。

可见光
Visible light

可见光（或单独称为光）是肉眼可见的电磁波，波长约为 400 纳米至 800 纳米。人和大多数动物的眼睛都能看见可见光，这是因为生物为适应太阳光的光谱（p182）而进化了。

太阳释放的大多是可见光，为了更好地利用它，生物的眼睛就进化成能看见可见光的状态了。

用可见光观察宇宙，能看见什么？

大多数恒星在可见光的波长上最亮，所以无论是观测恒星，还是研究恒星集团（星系）的构造，亦或是探究整个宇宙的星系分布，利用可见光研究是最合适的。

地球人从很久以前就开始用肉眼或望远镜（光学望远镜）观测宇宙了。

射电波

Radio wave

射电波是波长比 0.1 毫米还长的电磁波。射电波跟光（可见光）一样，都能以光速在空间传播，它被广泛地应用在手机、电视、收音机、卫星通信等领域，是现代社会不可或缺的东西。

射电波的种类和主要用途

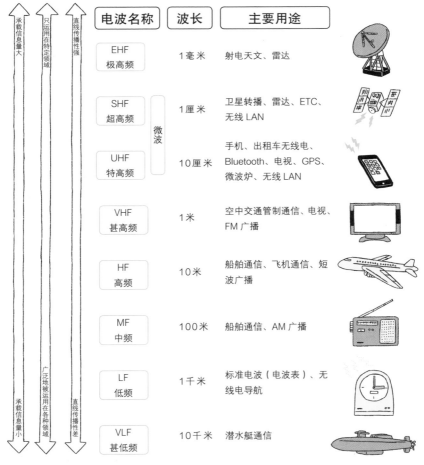

电波名称	波长	主要用途
EHF 极高频	1 毫米	射电天文、雷达
SHF 超高频	1 厘米	卫星转播、雷达、ETC、无线 LAN
UHF 特高频	10 厘米	手机、出租车无线电、Bluetooth、电视、GPS、微波炉、无线 LAN
VHF 甚高频	1 米	空中交通管制通信、电视、FM 广播
HF 高频	10 米	船舶通信、飞机通信、短波广播
MF 中频	100 米	船舶通信、AM 广播
LF 低频	1 千米	标准电波（电波表）、无线电导航
VLF 甚低频	10 千米	潜水艇通信

（SHF、UHF 区间标注：微波）

左侧纵向箭头：
- 承载信息量大 ↕ 承载信息量小
- 只运用在特定领域 ↕ 广泛地被运用在各种领域
- 直线传播性强 ↕ 直线传播性差

※ 微波没有确切的定义，有时指特高频电波和超高频电波（波长 1 厘米～30 厘米），有时也会涵盖极高频电波。

射电波是从银河系中心部传来的吗?

从宇宙传来的射电波根据它的产生方式分为两种。其中一种由非常剧烈的天体现象产生,例如,从银河系人马座方向传来的射电波(p202)。如果银河系中心部发生了剧烈的能量活动,那里就会产生射电波。

从银河系中心部
传来的射电波。

太阳表面发生耀斑(p38)
现象时会释放射电波也是同
样的原理。

太阳耀斑
释放的射电波。

低温宇宙也能发出射电波吗?

跟上文所述相反,非常安静的低温宇宙也会发出射电波。天体的温度越高,发出的电磁波波长越短,所以能发出长波长射电波的天体,其温度一定非常低。例如,新恒星诞生的摇篮——暗星云(p142),当它处于超低温约零下260℃时,就能释放大量射电波。也就是说,我们可以藉由探测射电波,观测恒星诞生的过程。

除了我们熟悉的高温天体释放
可见光的"热宇宙",宇宙还
有"冷"的一面,这是通过射
电天文学发现的。

射电望远镜

红外线

Infrared

红外线是波长比射电波短（约0.1毫米以下），比可见光长（约800纳米以上）的电磁波。物体吸收红外线后温度会上升，所以红外线又被称为热射线。

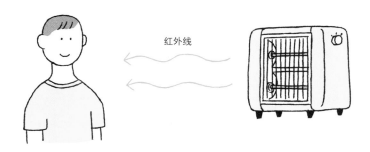

红外线

用红外线观测宇宙，能看见什么？

红外线很适合用来观测温度稍低的天体，用它可以观测到原恒星（p147）和被恒星加热的尘埃。另外，红外线能穿透尘埃，通过它可以直接观测到隐藏在尘埃后面的银河系中心部。还有，远方星系发出的光会发生红移现象（p226），红移后光的波长正好在红外线的范围内，因此用红外线还能观测到远方的星系。

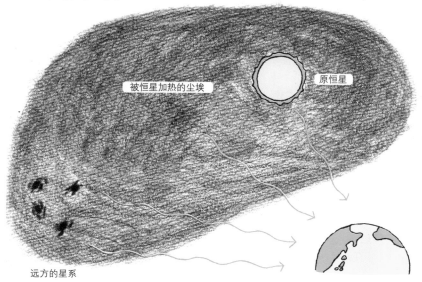

被恒星加热的尘埃

原恒星

远方的星系

紫外线

Ultraviolet

紫外线是波长比可见光短（约 400 纳米以下），比 X 射线长（约 1 纳米以上）的电磁波。物体吸收紫外线后很容易产生化学反应，人会被阳光晒黑也是因为紫外线。

紫外线

用紫外线观测宇宙，能看见什么？

紫外线很适合用来观测高温天体。例如，星暴（p213）中诞生的年轻且非常重的恒星，还有处于末期的白矮星（p159）等，都是温度高达几万摄氏度至十万摄氏度的高温天体，它们会释放大量紫外线，所以要用紫外线来观测。另外，观测温度高达数百万摄氏度的日冕（p36）时，也要用紫外线。

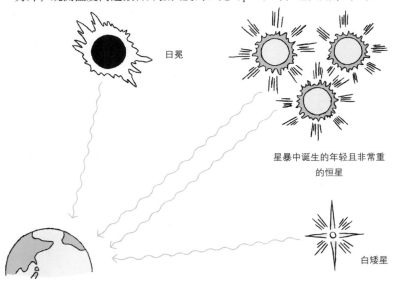

日冕

星暴中诞生的年轻且非常重的恒星

白矮星

X 射线 / γ 射线

X 射线是波长比紫外线短（约 1 皮米至 10 纳米）的电磁波，γ 射线是波长比 X 射线更短（不到 1 皮米）的电磁波。二者被统称为放射线（高能电磁辐射）。放射线的特征是能"穿透"物质，而且能在穿透时将分子或原子的电子撞飞，产生"电离作用"。

用 X 射线和 γ 射线观测宇宙，能看见什么？

X 射线从温度高达数百万摄氏度至数亿摄氏度的超高温领域释放出来。像表面温度超过 100 万摄氏度的中子星（p024）、黑洞周围的吸积盘（p169）、星系团内部的超高温等离子体（p215）这样的天体，都要用 X 射线观测。γ 射线跟 X 射线差不多，也是从超高温领域发出的电磁波。

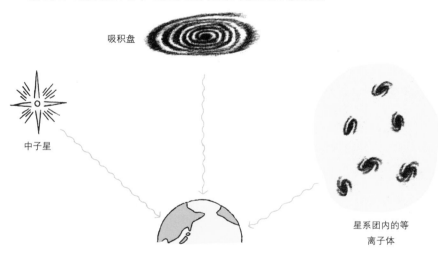

吸积盘

中子星

星系团内的等离子体

伽马射线暴（γ 射线暴）

伽马射线暴（简称伽马暴）是指在短时间（0.01 秒至几分钟）内突然释放出大量伽马射线，它是宇宙中发生的最剧烈的爆炸现象。据科学家们推测，伽马暴是质量极大的恒星迎来最后一刻时发生的爆发现象（被称为极超新星爆发），但目前人们对伽马暴还知之甚少，可以说这是一种充满谜团的现象。

大气窗口

Atmospheric window

大气窗口是指电磁波能通过地球大气层的波长范围（波段）。太阳或遥远的天体会传来各种各样的电磁波，但对大部分电磁波来说，地球的大气层都是"不透明"的，它只对少数波长范围的电磁波打开"窗口"。

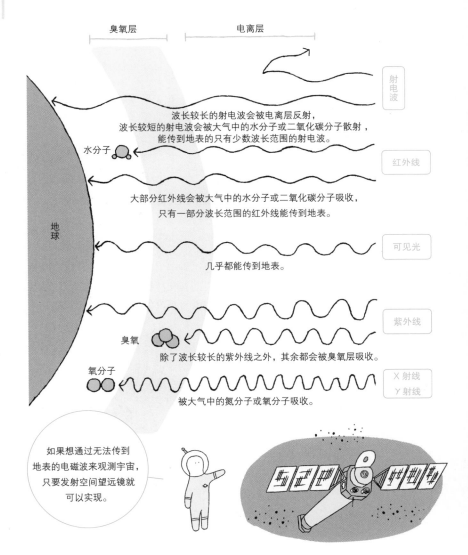

臭氧层　　　　　　　电离层

射电波

波长较长的射电波会被电离层反射，
波长较短的射电波会被大气中的水分子或二氧化碳分子散射，
能传到地表的只有少数波长范围的射电波。

水分子

红外线

大部分红外线会被大气中的水分子或二氧化碳分子吸收，
只有一部分波长范围的红外线能传到地表。

地球

可见光

几乎都能传到地表。

紫外线

臭氧

除了波长较长的紫外线之外，其余都会被臭氧层吸收。

氧分子

X射线
γ射线

被大气中的氮分子或氧分子吸收。

如果想通过无法传到地表的电磁波来观测宇宙，只要发射空间望远镜就可以实现。

引力波
Gravitational wave

引力波是指时空的振动像涟漪一样，以光速传播到周围的现象。爱因斯坦曾根据广义相对论预测了引力波的存在，并于 1916 年发表了相关论文。

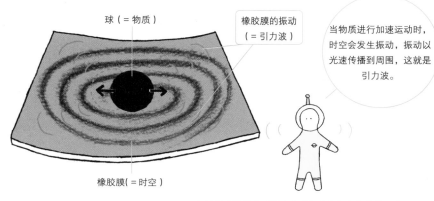

球（= 物质）

橡胶膜的振动（= 引力波）

当物质进行加速运动时，时空会发生振动，振动以光速传播到周围，这就是引力波。

橡胶膜（= 时空）

※ 加速运动是指物质的速度或行进方向会变化的运动。

在什么情况下会产生引力波泥？

其实，连人挥手时都会产生引力波，只不过这种引力波太弱，无法被检测出来。而像超新星爆发、中子星之间或黑洞之间互相碰撞和结合等非常剧烈的天文现象，都会发出很强的引力波，这些引力波是可以被检测到的。

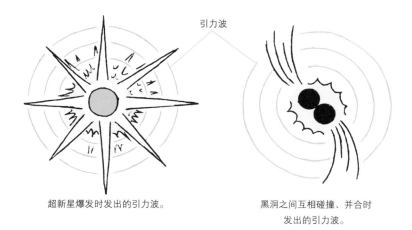

引力波

超新星爆发时发出的引力波。

黑洞之间互相碰撞、并合时发出的引力波。

GW150914

GW150914 是首个被检测出的引力波的名称。它于 2015 年 9 月 14 日由美国的引力波望远镜 LIGO 检测出，经过谨慎的分析，科学家们确认它是引力波无误，便在 2016 年 2 月将其公布于世。

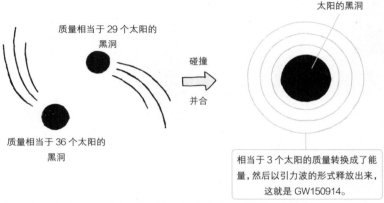

质量相当于 29 个太阳的黑洞

质量相当于 36 个太阳的黑洞

碰撞
并合

诞生了一个质量相当于 62 个太阳的黑洞

相当于 3 个太阳的质量转换成了能量，然后以引力波的形式释放出来，这就是 GW150914。

引力波望远镜是什么样的呢？

引力波传来时，空间会进行微小的伸缩。引力波望远镜有两根垂直相交的"探测臂"，探测时激光会在其内部来回反射，当激光的到达时间发生变化时（证明空间伸缩了），引力波望远镜便能读取这个数值并确认引力波到来。除了美国的 LIGO 之外，还有日本的 KAGRA（2018 年开始正式运行）、欧洲的 VIRGO 等引力波望远镜分布在世界各地。

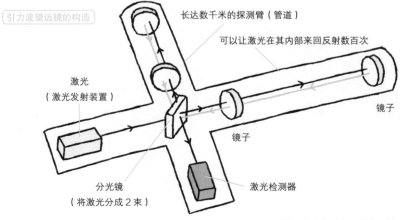

引力波望远镜的构造

长达数千米的探测臂（管道）

可以让激光在其内部来回反射数百次

激光
（激光发射装置）

镜子

镜子

分光镜
（将激光分成 2 束）

激光检测器

原初引力波

Primordial gravitational wave

原初引力波是宇宙诞生后发生暴胀（p240）时释放的引力波。科学家们认为，刚诞生的微型宇宙存在"时空涨落"，这种涨落在暴胀时被拉伸成了引力波，然后充满现在的宇宙，这就是原初引力波。

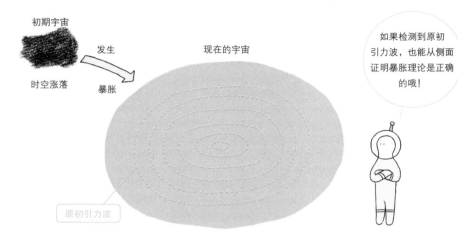

初期宇宙

发生

现在的宇宙

时空涨落

暴胀

如果检测到原初引力波，也能从侧面证明暴胀理论是正确的哦！

原初引力波

如何观测引力波？

原初引力波非常弱（低频波），无法用 LIGO 和 KAGRA 检测到。为了解决这个问题，有人提出发射太空引力波望远镜。还有科学家认为，调查原初引力波对宇宙微波背景辐射（p238）的影响，也可以间接证明原初引力波的存在，这方面的观测和研究也在进行中。

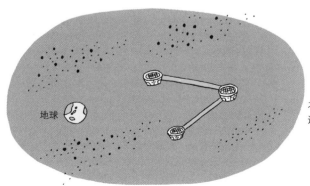

地球

太空激光干涉仪

让激光在太空中的卫星之间来回反射，通过观察其往返时间的变化，来检测原初引力波的存在。

宇宙弦

Cosmic string

宇宙弦是密度非常高的弦状能量块，它在初期宇宙发生真空相变（p267）时形成，也可能存在于现在的宇宙中，只不过尚未被发现。

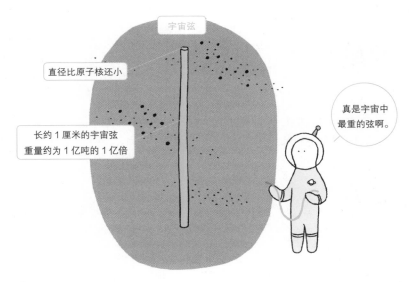

宇宙弦

直径比原子核还小

长约 1 厘米的宇宙弦
重量约为 1 亿吨的 1 亿倍

真是宇宙中最重的弦啊。

环状的宇宙弦能释放引力波吗？

科学家们认为，环状的"闭合宇宙弦"会不断振动并释放引力波，最后慢慢消失。如果能观测到这个引力波，应该就能证明宇宙弦的存在。

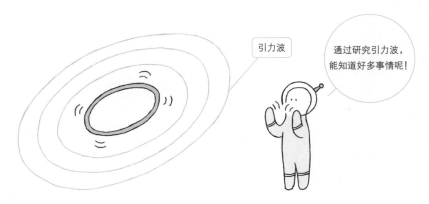

引力波

通过研究引力波，能知道好多事情呢！

JAXA

JAXA（日本宇宙航空研究开发机构，Japan Aerospace Exploration Agency）
是负责制订日本宇宙航空开发策略的研究机构。2003 年 10 月，日本宇宙科
学研究所（ISAS）、航空宇宙技术研究所（NAL）和宇宙开发事业团（NASDA）
合并而成了现在的 JAXA。

NASA

NASA（美国航空航天局）是美国宇宙开发、研究机构。它创立于 1958 年，
目前已完成阿波罗登月计划、航天飞机计划等项目。

ESA

ESA（欧洲航天局）是欧洲各国共同设立的宇宙开发、研究机构，本部在法
国巴黎。除了 ESA，欧洲各国也有自己单独的宇宙开发机构（比如法国的
CNES、德国的 DLR 等）。

世界各地主要的宇宙研究机构

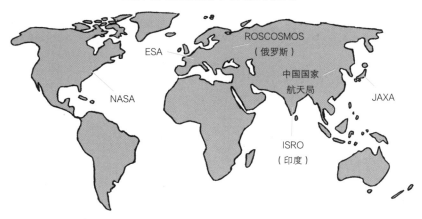

国际空间站

International Space Station

国际空间站（简称 ISS）是由美国、俄罗斯、日本、加拿大和 ESA 共同使用的载人宇宙设施。宇航员一边利用太空环境（微重力、高真空等）做研究和实验，一边通过空间站观测地球和宇宙。

日本在 ISS 内建设了名叫"KIBO（希望）"的实验舱，同时在为 ISS 开发物资补给机"鹳"号。

ISS 预计在 2024 年退役，之后的计划还没有确定。

国际空间站

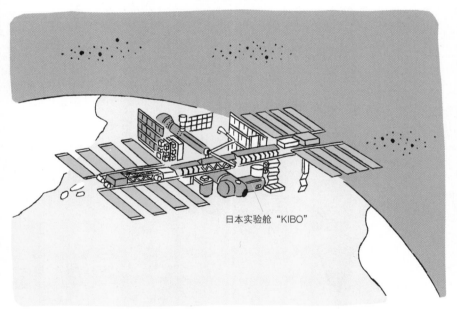

日本实验舱 "KIBO"

大小跟长 108 米、宽 73 米的足球场差不多哦！

在距离地表约 400 千米的太空中，以绕地一圈用时约 90 分钟的速度运行。

日本国立天文台

National Astronomical Observatory of Japan

日本国立天文台（NAOJ）是进行天文学研究和观测的日本国立研究所和大学共同利用机构。它成立于 1988 年，由东京大学东京天文台、纬度观测站和名古屋大学空电研究所三个机构合并而成。

日本国立天文台的主要据点（日本国内）

野边山日本国立天文台
（野边山射电天文台等）

水泽校区
（VERA 水泽观测局等）

冈山天体物理观测站
（188 厘米反射望远镜等）

茨城观测局

山口观测局

三鹰校区
（本部）

入来观测局
鹿儿岛观测局

除了这些地方，
日本国内还有 400 多个向公众开放且拥有天体望远镜的天文台。

小笠原观测局

石垣岛天文台

昴星团望远镜

Subaru Telescope

昴星团望远镜是日本国立天文台在夏威夷莫纳克亚山顶（标高 4 200 米）建造的口径 8.2 米的大型光学红外线望远镜。这是一台使用了日本顶尖科技的望远镜，它从 1999 年开始投入使用。

到目前为止，昴星团望远镜已经取得了很多喜人的成果，比如对超远方（也就是初期宇宙）星系的观测、对恒星和行星诞生过程的观测、对太阳系尽头暗天体的观测，以及探究暗物质和暗能量之谜的观测等。

30 米望远镜

TMT（Thirty Meter Telescope）

30 米望远镜（TMT）是由日本、美国、加拿大、中国、印度等国参与建造的下一代超大型望远镜。它是一台由 492 块镜片组成的口径 30 米的巨型望远镜，位于夏威夷莫纳克亚山顶，目前正在建设中，预计将于 2027 年正式投入使用。这台望远镜性能卓越，科学家们期待用它直接观测系外行星的表面和大气构成，进而寻找"生物可能居住的系外行星"，或是通过观测宇宙第一批形成的星体和星系，来探究宇宙大尺度结构（p222）的形成之谜。

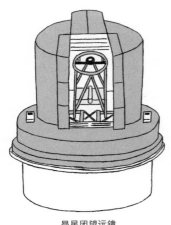

昴星团望远镜

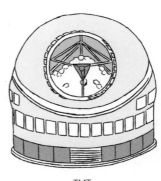

TMT

（完成预想图）

阿尔马望远镜

Atacama Large Millimeter / submillimeter Array

阿尔马望远镜是位于智利阿塔卡马高原（标高 5 000 米）的大型射电望远镜列阵。它于 2013 年正式落成，由日本等亚洲国家跟北美、欧洲各国合作建造。阿尔马望远镜由 66 个天线组成，观测时会将所有天线接收到的数据统合起来，当成一台假想的巨大射电望远镜使用（无线电干涉仪）。阿尔马望远镜的观测能力是昴星团望远镜和哈勃空间望远镜的 10 倍，以人类的视力来衡量就是"6 000（最大值）的视力"。

阿尔马望远镜

阿尔马（ALMA）是"阿塔卡马大型毫米/亚毫米波阵"的简称。这个词在西班牙语中是"灵魂"的意思哦！

用阿尔马能观测到什么?

阿尔马望远镜能接收到从遥远星系或超低温宇宙空间传来的毫米波（p282）与亚毫米波。科学家们可以用它探究有关星系诞生与发展的"星系诞生之谜"，还有年轻恒星周围产生行星的"行星系形成之谜"（p115）。除此之外，阿尔马望远镜还能观测宇宙中各种原子或分子发出的电波，科学家们希望用它找到含有氨基酸等与生命诞生相关的物质，从而破解"生命诞生之谜"。

哈勃空间望远镜

Hubble Space Telescope

哈勃空间望远镜由
NASA 于 1990 年发射，
是在 600 千米高空轨道
上运行的太空望远镜。
它能观测到很多波段的
电波，比如可见光、红
外线和紫外线等。这台
"在空中飞行的望远镜"
并不大，它的口径只
有 2.4 米，它不会受大
气层和天气等因素的影
响，拍摄的天体照片非
常清晰，由此向我们展
示了宇宙的真正姿态。

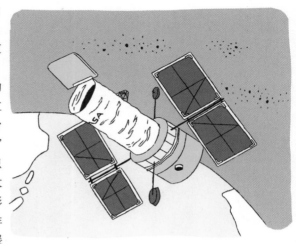

哈勃空间望远镜

詹姆斯·韦伯空间望远镜

James Webb Space Telescope

詹姆斯·韦伯空间望远镜
是 NASA 预计于 2019 年
发射的空间望远镜，它是
哈勃空间望远镜的继任
者。据悉，詹姆斯·韦伯
空间望远镜将被设置在距
离地球约 150 万千米的位
置，口径为 6.5 米，能用
红外线进行观测。这台望
远镜的主要任务是观测宇
宙初期诞生的星体和星
系，以及调查系外行星等。

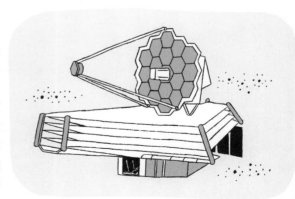

詹姆斯·韦伯空间望远镜（完成预想图）

图书在版编目（CIP）数据

宇宙用语图鉴 / (日) 二间濑敏史著；(日) 中村俊宏主编；(日) 德丸悠绘；王宇佳译. -- 海口：南海出版公司, 2021.2

ISBN 978-7-5442-9888-9

Ⅰ.①宇… Ⅱ.①二… ②中… ③德… ④王… Ⅲ.①宇宙－普及读物 Ⅳ.①P159-49

中国版本图书馆CIP数据核字(2020)第126109号

著作权合同登记号　图字：30-2020-041

YUZHOU YONGYU TUJIAN
宇宙用语图鉴

策划制作：北京书锦缘咨询有限公司（www.booklink.com.cn）
总 策 划：陈　庆
策　　划：姚　兰

作　　者：[日]二间濑敏史　著　　[日]中村俊宏　主编　　[日]德丸悠　绘
译　　者：王宇佳
责任编辑：张　媛
审　　校：郭可欣
排版设计：柯秀翠
出版发行：南海出版公司　电话：（0898）66568511（出版）（0898）65350227（发行）
社　　址：海南省海口市海秀中路51号星华大厦五楼　邮编：570206
电子信箱：nhpublishing@163.com
经　　销：新华书店
印　　刷：北京旺都印务有限公司
开　　本：889毫米×1194毫米　1 / 32
印　　张：9.5
字　　数：274千
版　　次：2021年2月第1版　　2021年2月第1次印刷
书　　号：ISBN 978-7-5442-9888-9
定　　价：68.00元